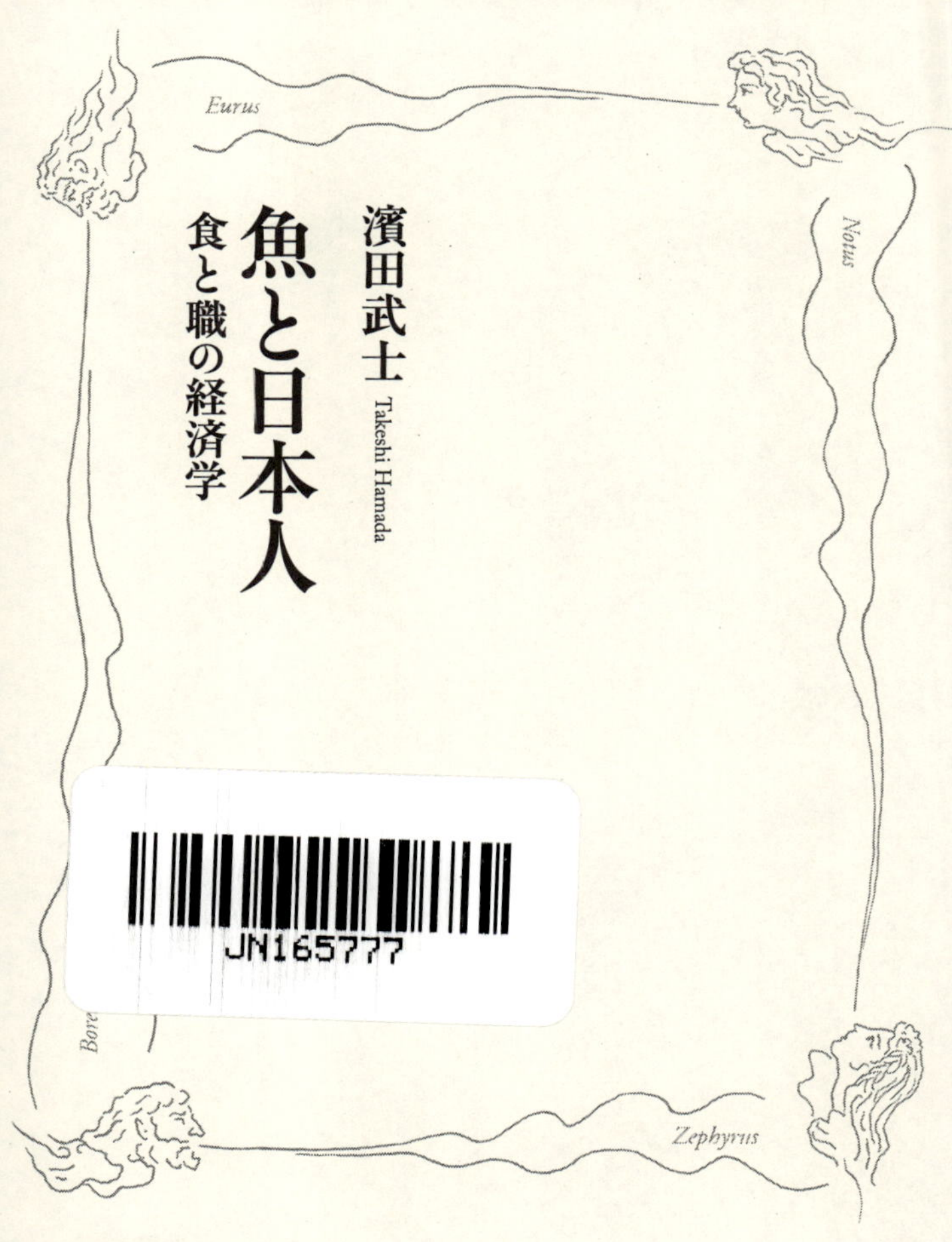

濱田武士
Takeshi Hamada

魚と日本人

食と職の経済学

岩波新書
1623

魚と日本人　目次

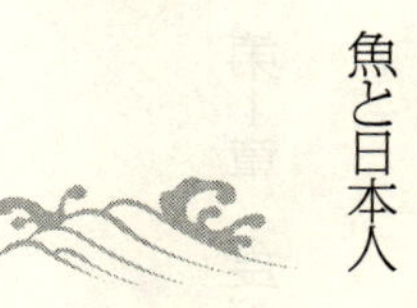

序　章 …… 1
まちから魚屋が消えた／魚食と魚職／「魚食」の背後で何が起こっているのか／なぜ縮小していくのか？／再生への道筋を考えるために

第1章　食べる人たち …… 15
「食」が細る／食の外部化の行方／魚を買わなくなった／丸魚ではなく／データで魚の消費を見る／失われた魚と人の出会い／家計と相談／食べる喜び／魚食普及

第2章　生活者に売る人たち …… 45
近所の魚屋／商店街の系譜／郊外へ／市街地も変わる／輸入水産物が多い鮮魚売場／大競争の

なかの負のスパイラル／高級食材を見きわめる人たち／産地での販売／躍進する直売所／活気ある鮮魚専門店／ローカルスーパーの鮮魚部門／活気を取り戻す

第3章　消費地で卸す人たち……83

卸売市場、真夜中から始まる／卸売市場とは／市場の機能／卸売市場内取引の現状／セリと入札から相対取引へ／集荷機能の弱体化／さまざまな相対取引／セリ人と価格／大口の需要者／拡大する市場外流通／進む荷受業界の再編／卸売市場の内側の変化／生産者と消費者を結ぶ

第4章　産地でさばく人たち……125

港町にも市場がある／魚が加工場へ／産地市場

とは／産地市場は漁村で大きな存在／「産地の荷受」の役割／荷受と仲買人／鮮魚出荷業者の役割／水産加工の始まりと今／水産資源と水産加工業／フィッシュミール産業の盛衰／水産加工業の内実／コールドチェーンの拡大／安心・安全／働き手不足／産地再生へ

第5章　漁る人たち …………………………………… 167

沿岸では漁師たちが／少し沖へ／広い海で魚を追って駆け巡る／経営の仕組み／漁師の腕が重要な養殖／漁場利用にあたっての秩序／漁業を管理する制度／自主規制との二階建て方式／漁業協同組合（漁協）／漁業権／地域のための優先順位制度／漁業者集団と資源の関係／磯漁／はえ縄漁／貝桁網漁業／持続的な漁業へ／漁業の

目　次

終　章 …… 217
集団性と対立／漁業をする人は増えるのか／「漁労」という職能
市場経済が深まっていくなかで／魚食と魚職の復権
あとがき …… 227
主要参考文献 …… 229

序章

まちから魚屋が消えた

二〇一五年五月のこと。近所にある、いつもの鮮魚店に行くとシャッターがおりていた。その後、何度か訪ねたが、シャッターはおりたまま。商店街の通りに出てきて独特の濁声(だみごえ)で客をひきつけていた名物売り子のおばあさんも、半年前から店先に立たなくなっていたので嫌な予感がした。調べてみると経営者が亡くなったので、これを機に閉店したようだ。

周囲は青果店、花屋、精肉店が並ぶ、駅前商店街の一角。おそらく、かつての生鮮品小売市場であり、昭和三〇年代の雰囲気がある。その中心部にあった鮮魚店が消えたので、まち自体も寂しくなった。まちの暮らしの楽しみが一つ消えた。

決して繁盛していたわけではないと思うが、近隣では、その店にしかない楽しみがあった。神奈川県内の市街地(JR大船駅近辺)にあるというのに、朝に水揚げされた「獲れたばかりの魚」が並ぶところである。それらは沿岸に回遊してくる魚が入る定置網(ていちあみ)で漁獲されたものが中心で、魚種は日替わり。魚が盛られた商品陳列台は、路上にはみ出していた(本章扉写真)。

筆者は、近所にこの鮮魚店があったことで、海辺によくある直売店にまで行かなくても、新鮮な魚をまちなかの買い物で堪能できた。

購入した魚は、マアジ、アオアジ、マサバ、ゴマサバ、カツオ、ソウダカツオ、マイワシ、シコイワシ(カタクチイワシ)、ヒラメ、マダイ、コショウダイ、クロダイ、ヘダイ、キンメダイ、メダイ、イシダイ、カゴカキダイ、スズキ、メジナ、ブリ、イシモチ、アオヤガラ、サザエ、アワビ、ナマコ……。アジ、サバ類など青物が多かったが、種類は数限りない。

発泡スチロール素材の魚箱(以下、発泡箱)や樽に氷水に漬けられている魚もあったが、小魚類はザルに一〇匹ぐらい入れて、並べられているだけ。常に外の空気にさらされている。夏場など乾かないように時折、商品に水をかけていたが、衛生面や清潔感にうるさい消費者が増えている時代にあって、なんとも古風であった。

もちろん、ほとんどがまったく加工されていない「丸魚」の状態。近隣の料理屋向けの魚もあったが、多くは庶民的な価格の大衆魚。いろいろな魚を見せてくれて、それだけでも楽しかった。

ブリやカツオなど大きな魚はもちろんのこと、暇なときは小さな魚でもおろしてくれる。目の前でおろすので、その包丁捌(さば)きもよく見えた。捌き方を目に焼きつけて、家に帰ってから自分でも練習して、下手ながら捌き方をいくつか身につけた。

店長、店員が、今日のこの魚はどうしたら一番おいしいか、煮付けや酢漬けの調味料の配分比や漬ける時間なども教えてくれた。

それだけではない。神奈川県沖の狭い範囲だが、どの時期にどこの漁場で獲れる魚がおいしいのかも教えくれた。季節外れの魚でも、食べ方しだいで楽しめることも話してくれた。

これぐらいのやりとりは、鮮魚店としては特別なことではない。でも、魚の仕入れ方や品ぞろえは鮮魚店の生命線。店によって並ぶ魚は違うし、それが客の好みにあうかどうかは別として、店の個性になっている。

商店街の外側を見渡すと、どこのまちにもある量販店や外食チェーン店が目立つ。鮮魚店に限らない。昔ながらの小売店舗、外食店舗がまちからどんどん消えていく。

魚食と魚職

魚食は、「食べる」という行為ではある。だが、一般に「魚食」には、魚を「探す」、「買う」、「料理する」などという行為が付随(ふずい)している。さらに丸魚などを買う場合は、処理や料理のあり方がいろいろあるので、「教えてもらう」という行為も付随してくるといえる。

ところが、スーパーマーケットの鮮魚コーナーにおいては、そのようなやりとりが見られなくなっている。昔は鮮魚店がスーパーマーケットの一角にあり、魚をめぐる会話はあったが、昨今ではそのようなスーパーマーケットは少ない。

鮮魚コーナーには、尾頭(おかしら)付きの丸魚がまれな存在になっている。鮮魚でも、トレーパックに入れられた切り身商材が多い。そうしないと売れないらしい。それらの商材は、刺身用、フライ用などと、どうして食べたらよいのかちゃんとわかるように表示してある。便利である。聞かなくてよいし、魚を見て判断しなくてよい。

魚を食べ慣れていない人なら、何も表示されていないと、どうやって食べたらおいしいのか、わからないだろう。だから食べ方の表示は役に立つが、鮮魚店なら、先に述べたように、それぞれの魚を見ながら、その魚の持ち味を楽しめる方法を提案できる。買う人も、魚屋さんの提案を頼りにできる。

鮮魚店から発信されてきた魚食文化の背景には、その魚の固有の強みを伝える職能があった。それは、鮮魚店の職能だけではなく、魚を獲るところから魚を食べるところまでに介在する職能すべてである。それらの職能がつながっていなければ、私たちの魚食はなかった。

そこで本書では、魚食文化を育んだ職能を「魚職*」と呼ぶことにする。どれをとっても、奥深さがある職能である。ただし、残念ながら、鮮魚店が激減するなど、消費のステージから

「魚職」の活躍の場は失われてきた。

鮮魚店の店員との会話が煩わしい、さっさと買い物を終わらせたい、魚自体に興味がない、という生活者が増えたのであろう。セルフ形式の買い物が今日では主流となり、鮮魚店が生活者に選ばれなくなった。実際、小中学生の子どものいる親の七割以上が魚介類をスーパーマーケットで購入しているという調査結果がある(一社)大日本水産会『水産物を中心とした消費に関する調査』二〇〇四年)。

さらに追い打ちをかけるように、いま「魚離れ」が顕著となり、かつてあった魚食は日常生活から消えつつある。

もちろん、食文化の喪失・変遷は魚食だけではない。例えば、「米離れ」である。明治期に日本の生活者に形成された米食(+副食)文化が、高度経済成長期から食の西洋化のなかで弱っていくと、減反政策が進められ、一九九五年に米づくりを守ってきた食糧管理法が廃止された。そしてまちから米屋が徐々に消え、今では精米の現場を見る機会が日常ではなくなり、精米直後の米を食べる機会は失われている。さらに米をとがなくてもよい「無洗米」の量が増えているのに、全体として「米離れ」は拡大している。

海外では和食ブーム、和食は「世界遺産」だというPRはたくさん目につくのに、日本の大衆にかつてあった米食(+副食)型食生活は食卓から離れていく。

生産者や流通加工業者らが努力して、需要を広げようと付加価値対策として食べ方の簡便性を追求している。だが、米食も魚食もますます食卓から遠のいていく。

では、離れた先はどこなのか。どこに向かっているのか。これを特定するのは、むずかしい。言えるのは、衣食住問わず異文化が入り続けることで、消費が多様化していること。いろいろな食、食材がシェアを奪い合った結果、米が選ばれなくなっている、魚が選ばれなくなっている、ということだろう。

そのような客の奪い合いが激しくなるなかで、親しみある鮮魚店が閉店した。ならば、他店で買えばよいわけだが、他の鮮魚店やスーパーマーケットに行っても愛用していた店の代わりにはなってくれない。魚はあっても、品ぞろえが違うし、同じ魚種があったとしても何かが違う。筆者は、生活の一部だった「魚食」を失ってしまった。

「魚食」の背後で何が起こっているのか

鮮魚店の仕入れ先は、水産物卸売市場(以下、卸売市場)である。具体的には卸売市場のなかで営業している仲卸(なかおろし)業者(以下、仲卸)である。

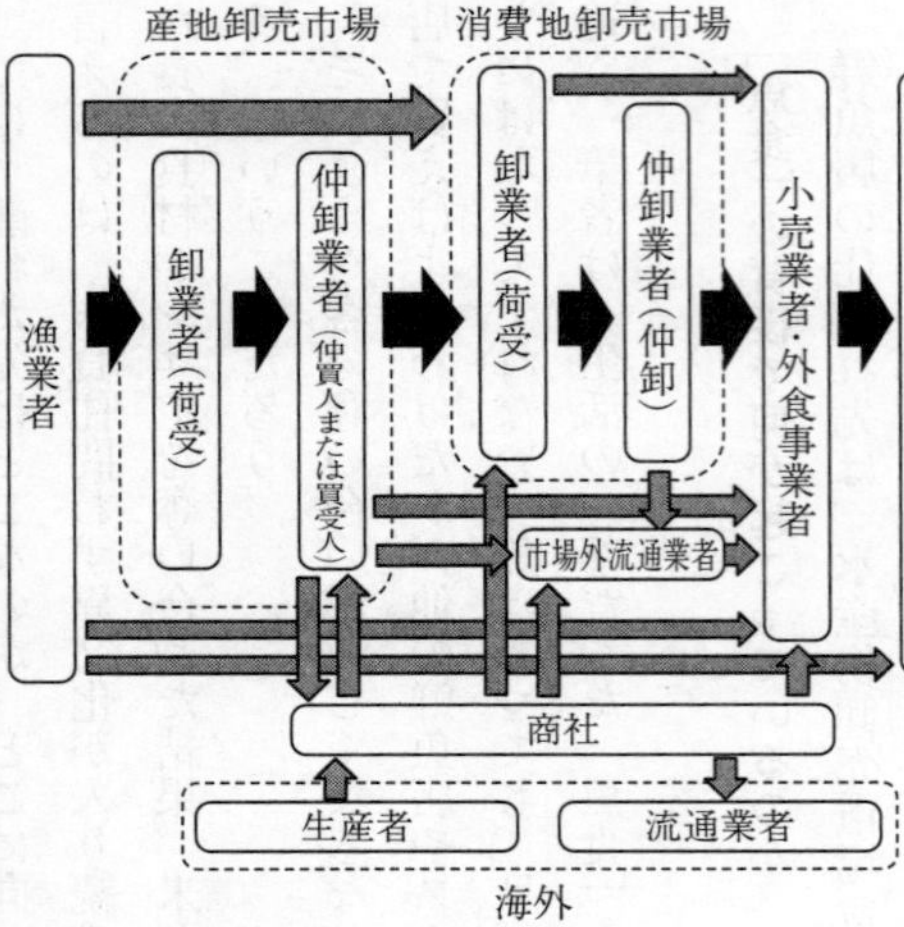

彼らは産地から送られてくる魚を、卸業者（以下、荷受）から買い取っている。その魚もまた産地の卸売市場で仕入れられたもので、生産者が水揚げした魚だ。

このように魚の流通は多段階ある。しかも、生産者から消費者の手に魚が渡るまでも、図1のようなルートがあり、多様である。その流通の幹として役割を果たしてきたのが、産地と消費地の水産物卸売市場を経由した流通六段階（漁業者から消費者までの六回の取引。図1の黒い矢印）と言われてきたものである。

筆者作成.

図1　卸売市場を中心とした水産物の流通

この卸売市場は、法制度上では中央卸売市場と地方卸売市場に分類されるが、水産物の場合は、消費地卸売市場（以下、消費地市場）と産地卸売市場（以下、産地市場）として機能的に分類し、呼称されている。

消費地市場は主としてその消費地のために産地から魚介類を集める卸売市場であり、産地市場はその地域の業者のために生産者から魚介類を集める卸売市場である。消費地、産地、どちらの機能も兼ねている市場もあるが、おおむねどちらかの仕事が多くなっている。

卸売市場が戦後の日本の食を支えてきたのはたしかであり、産地市場は産地の地域経済の核となり、消費地市場は地域経済だけでなく裏方として都市の繁栄を支えてきた。卸売市場がなければ、産地の発展や都市の形成や拡大はあり得なかったと言ってよい。

その水産物卸売市場には、魚職が大集結していて、産地の情報、消費地の情報も集積している。卸売市場は、魚食の発信地。都市の魚食は卸売市場頼みであり、都市と魚の関係を語るのに卸売市場は外せない。

ところが、消費が低迷しているのに加えて、物流の発展などにより市場外流通が拡大し、卸売市場の魚の取扱量は長期にわたり減り続けている。それにともない、卸売市場のなかで業務をおこなってきた荷受や仲卸の廃業が続出している。

人口が増え続けている首都圏の卸売市場、世界最大の水産物卸売市場と呼ばれている東京都中央卸売市場(築地市場)ですら、抗(あらが)えない状況になっている。取扱量のあまりの急減に、都市から卸売市場が消えゆくのかと思ってしまうほどだ。

なぜ縮小していくのか?

どうしてこのような状況になったのか。ときおり漁師が魚を獲りすぎるから、魚が減ったからだという人がいる。

たしかに、獲れる魚が減ると、買うことができる業者が限られるから流通業者が減り、そのことで買付競争が冷え込んで魚価が落ち込み、そして漁業経営が厳しくなって漁業者も減るという理屈が成り立つ。そのような傾向に当てはまるケースもある。

だが、全国的な傾向として言えるのは、漁業生産量が増えていた時期においても、漁業者も流通業者も減っていったので、獲りすぎだとか、魚が減ったことだけを原因とすることはできない。

他方で、漁業生産は獲れたり獲れなかったりと不安定だから、漁業者も流通業者も減っていったという話もある。しかし、安定供給できる養殖生産量が増えていくなかでも生産者が減っていったので、それだけを理由にすることはできない。

一歩引いて考えてみると、日本の産業の縮小傾向は、水産業に限らず、農業や農産物流通業も同じである。日本経済の歩みのなかで、第一次産業はある種の同じ経路を辿(たど)っている。

日本の就業人口は、戦後直後は第一次産業部門が半分を占めていた。だが高度経済成長を通して、一次産業から二次産業へ、そして三次産業へとシフトした。そして、その過程のなかで都市に富が集中し、そのうえ、経済の自由化・国際化が推し進められたことで食料供給地を国内に限らず世界に求めるようになった。

一九七三年に円の対ドル為替レートが変動為替相場制になり、円高傾向が強まり、一九八五年にG5の金融担当首脳による円高誘導の協調が合意（プラザ合意）されると、さらに円高が進んだ。九〇年代にはまたさらに円高基調が強まって、海外の商品が買いやすくなった。

その間に日本は円の強みを生かして世界の食材を買いあさる国になり、人件費の安い途上国からの開発輸入が拡大し、価格破壊が進み、その受け皿となった量販店が急拡大。そのことによって青果、魚、肉といった生鮮食品専門小売店（自営業者）が駆逐されていった。

大量生産、大量流通、大量消費、大量廃棄型社会になることが追求され続け、結果として、職住が一体化した生業的な生産方式が主である日本漁業は、急激に改革できないため劣勢となる。そのうえ、少子高齢人口減少時代に入る以前から食料需要は落ち込み続けていた。

これでは第一次産業が縮小再編を繰り返し、衰退するのも当然である。もちろん、世界的な食糧需要の増加のなかで、輸出への期待が膨らみ、一部には外需の取り込みが好調な漁業種も存在する。高所得を得ている漁業者もいる。

しかし、輸出は国内生産の一〇〜一五%程度に過ぎず、それも為替レートの動向しだいである。そのうえ、国内を顧みると、魚を食べようとする生活者の家計(魚に支払える食料費)は減り続けている。

さらに今日の日本では、食品市場ではより廉価で便利で生ゴミの出ない「食」が求められ、就業者には、より安定した給与を得ることができる就労環境のよい「職」が求められてきた。そのなかで、「魚食」も、「魚職」も、このトレンドから外れていった、ということであろう。

再生への道筋を考えるために

「食」も「職」も、選択は自由である。「魚食」や「魚職」が復権するには、人々が魚を好んで食べる状況をつくりだし、魚を取り扱う仕事が魅力ある仕事になるようにすることが課題となる。

しかし、その状況をつくりだすのは容易ではない。混迷する経済が回復し、安定したとしても、である。戦後から九〇年代中頃まで続いた家計所得が継続的に向上していくような時代が、再来するとは思えない。たとえ経済成長が果たせたとしても、それは富を広く分配するものではなく富を集中させるものになるからである。

しかし、失われた環境や条件を嘆いても仕方がない。魚食と魚職の復権のためには何が必要なのかを冷静に考えていかねばなるまい。そのために、魚食と魚職の魅力と現状を知り、グローバル経済のなかに埋没する食と職の哲学をまず、深めていく必要があると、筆者は考えている。

そこで、このあと、この本では、魚を食べる人、売る人、卸す人、加工する人、そして獲る人までの各々の役割や彼らを取り巻く経済環境を見ていきたい。そのうえで、食を支える職の今を考えたい。

＊「魚職」という用語は筆者がふと思いついた造語であったが、調べてみると、愛媛県の愛南町(あいなんちょう)で「魚の振興、教育」のための「愛南ぎょしょく」というのがあった。そこに「七つのぎょしょく：魚食、魚触、魚色、魚職、魚殖、魚飾、魚植」という造語が使われていた。「愛南の魚に、触れ、その色を知り、職と殖を学んで、飾を知り、植(環境)を考え、さあ、食べましょう」がスローガンになっている。

第一章
食べる人たち

「食」が細る

「食べる」という行為を日々大切にしている人と、大切にしていない(したくてもできない)人の差は広がっている。

かたやグルメとまで言わなくとも、おいしい食べ物やおいしく食べるということに対してこだわりを持つ人、限られた家計のなかで食に対して工夫する人がいる一方で、食べ物に対してとくにこだわりをもたない人たちもいる。

もちろん、なかには経済的困窮から食費を切り詰めなければならず、質素に食事をしているという人もいる。しかし、現代都市生活者では、忙しい時間の合間に、ほどほどにおいしく感じられ空腹を満たすことができればそれでよく、食に時間やコストをかけられない、あるいはかけようと思わない人たちが大半を占めているのではないだろうか。

コンビニエンスストア(以下、CVS)に陳列されている弁当、おにぎり、総菜、サンドウィッチ、パン類や、まちなかならどこにでもあるファストフード店の存在がそれを物語っている。オフィス街では昼間、それらの店内や店先には多くの人が並んでいる。

日本の都市生活者の食のようすが、今のような状態になって久しい。

高度経済成長期までは、日本の食生活は、米を主食、魚類、豆類、肉類、総菜などを副食とする米食型食生活が基本であった。この食生活は低コストで高いカロリーを実現できるものとして、明治中期以後に拡大したと吉田忠氏により分析されている。

その背景には、資本主義の発展により、農村部から都市に働き手が流入し、大都市圏に「腰弁族」が主（ぬし）の、今でいうサラリーマン世帯が増加していたことがある。

腰弁族とは、腰に弁当をさげて出勤する、月給とりの働き手を意味する。その世帯構成は、家父長がいて家族や住み込みがいる労働組織的な大家族形式をとる豪農経営体、商家、手工業経営体とは異なり、「ちゃぶだい」を挟（はさ）んで夫婦と独身の子どもで構成する「核家族世帯」であったという。

米食型食生活は、限られた給料のなかで、どう食を設計するか、国内の農業生産力と食材流通と都市形成の折り合いのなかで出てきた答えだったのであろう。

大正期、腰弁族が増加するとともに、彼らが住まいを持つ都市郊外には米屋、酒屋、八百屋、魚屋、乾物屋、菓子屋などの食料品店が並ぶ商店街が形成され、核家族世帯の台所とまちが一体になっていく。大正、昭和そして戦後復興、高度経済成長を下支えしたのは、こうした腰弁族だった。しかし時代が進むとともに、腰弁族の姿がまちから消えていく。

終身雇用形態が崩れ、単身世帯が増え、核家族化が進み共働きも増えていくなかで、昼食の合理化が進められたに過ぎないということであろう。

サラリーマンは通勤の荷物が減り、自宅では弁当を作る必要がなければ買い物量も減り、洗い物も少なくなる。コンビニなどで売られているパン、おにぎりで済ませれば、費用は安ければ三〇〇円以内。それぐらいのコストで済むなら、日常生活が少しでも楽になるほうがよい。感覚的には、そう思うのは決して不思議ではない。

現代社会は、それだけ忙しくなっている。無駄な人員を抱えないように組織をスリム化した結果、働く人の負担はますます重くなっている。そのようななか、「食」の合理化も進められ、生活負担の軽減が進められている。

さらに、都市は不夜城と化している。都市社会は、ポスト工業化、サービス産業の拡大、成果主義の一方で労働時間のフレックス制が強まり、時間的規律が少なくなってきている。同時に、かつてあった「食」を核にした生活規律も薄れている。いつでも何でも、食べることができる社会になっている。

こうなると、家族団欒(だんらん)の朝食、夕食ですら、あたり前のものでなくなってくる。単身世帯が

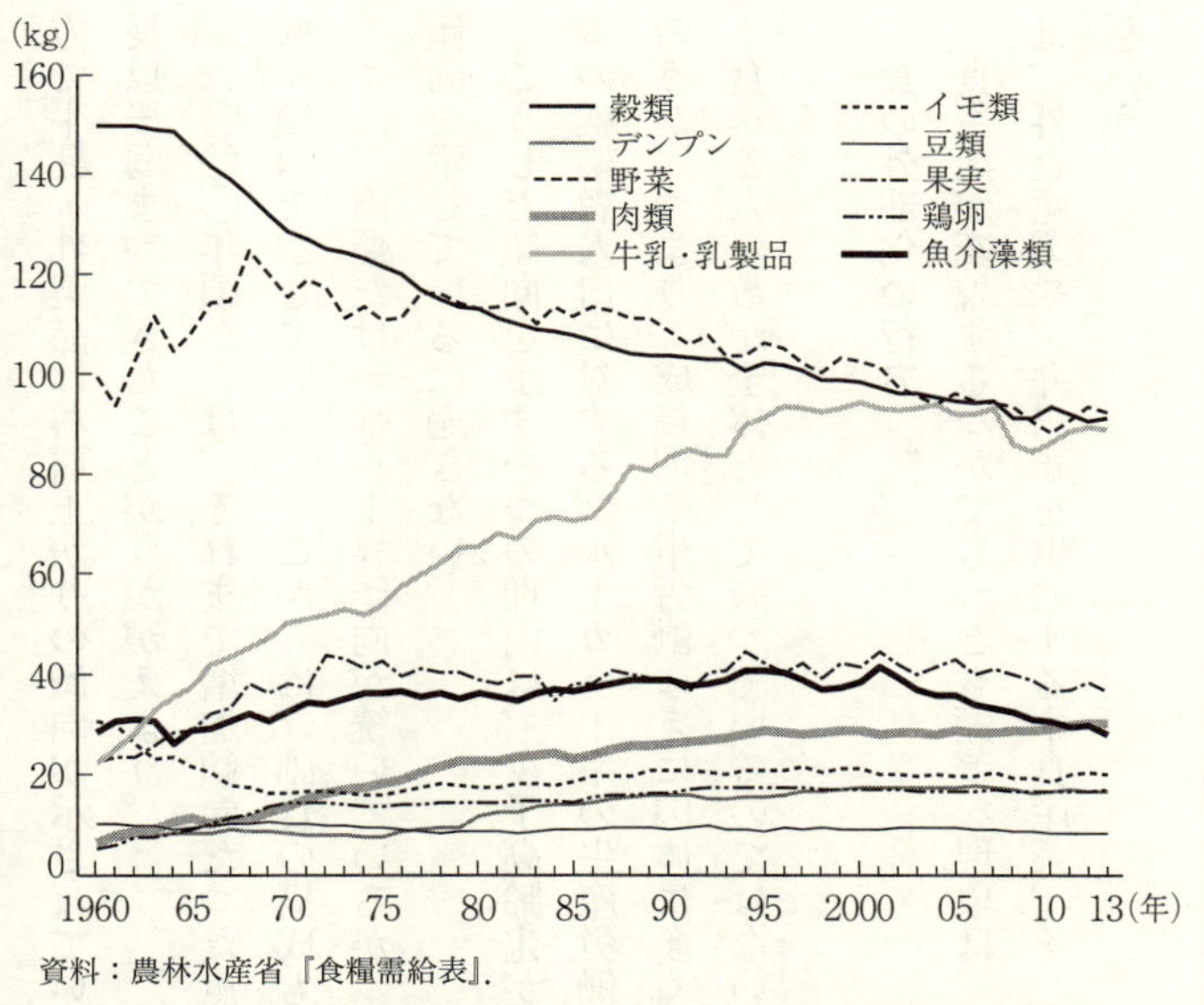

資料：農林水産省『食糧需給表』.

図2　食原料類別の国民1人あたりの年間純供給量の推移

増加していて「孤食」(一人で食べる)が多くなっている面もあるが、時間的規律がなくなった都市生活では、家族がいる世帯ですら「個食」(世帯内でも別の食べ物を個別に食べる)が多くなっている。

「食」は料理する人と食べる人をつなぐ行為であると同時に、共感を生む行為である。その社会的な広がりが「食」から消えかけているのである。

しかも、数量ベースで見た「食」も細っている。図2は、食原料類別の国民一人あたりの年間純供給量を示している。これによると、米を含む穀類は高度経済成長期から減り続け、その一方で牛乳・乳製品は右肩上がりの傾向が示されている。日本人の米食型食生活が、高度経済成長以後弱まってきたことがうかがえよう。

二〇〇〇年頃からは、それまで増加傾向だった魚介藻類が減少し始め、そのほかは横ばいか、逓減(ていげん)傾向を示している。ここからは、副食の構成も変わってきていることも読み取れる。

また、肉類だけが唯一上昇傾向が続いているが、他を補うほどの勢いはなく、緩やかな増加傾向を示しているに過ぎない。

こうした傾向を示す一つの理由は、少子高齢化が進み、食べ盛りの若い世代が減り、また日本の就業者人口に対するブルーカラー系の生産労働者の割合が減り続けているからではないだろうか。つまり、成長期や重労働ゆえに肉体に多くのカロリーを供給しなければならない、よく食べる人の数が全体として減っているのではないかと思うのである。

食の外部化の行方

食生活が変貌するなかでもっとも顕著な現象は、食の外部化と言われてきた。食の外部化とは、外食産業や、弁当類を供給する中食産業、そして調理済み食品に依存していく現象のことをいう。

『家計調査年報』(総務省)を見ると、世帯(二人以上)における年間の消費支出に対する外食費の割合は一九九二年が一六・六%。その後伸び続けて、二〇〇七年をピーク(一八・三%)に頭打ちになり少し落ち込んだが、二〇一四年は再び一八・三%となっている。

弁当やパンを含む「主食的調理食品」の年間支払い額は、一九九二年が八・一%で、その後伸び続け、二〇一二年が一一・九%とピークになり、二〇一四年は一一・八%となっている。さらに、調理済みの食品、総菜、冷凍食品など「他の調理食品」の占める割合は一九九二年が五・六%でその後伸び続け、一九九七年に六%を突破、二〇一四年は六・九%となっている。

食の外部化は高度経済成長期には始まっていて、その後の低成長期、バブル経済期、バブル経済崩壊後の「失われた二〇年」のあいだにも進んできた。単身世帯が「食」の外部化を強めることは理解しやすいが、ほかの世帯でも、景気と関係なく、家庭外で料理されたものを食する傾向を強めてきたのである。

家庭内には、料理の他、掃除、洗濯、子育て、介護などの家事労働もある。掃除機、洗濯機、炊飯器、電子レンジなど、さまざまな電化製品が家庭内にあり、時代を追って、より高性能で新機能が付加された製品がさらに家庭内に入り込んできた。

一方で、家電メーカーは家庭内のユーザー視点で次から次へと新製品を開発する。家事労働から解放するニーズを発掘し、製品化する。テレビなど娯楽のための製品も含め、家庭内を「市場化」してきた。しかも、メーカー間の激しい競争のなかで開発のテンポは速くなった。ヒット商品を出しても、すぐに新たな商品が出てきて、型落ちになってしまう。

家電製品にみるこの現象と、食の外部化は同じ家庭内の市場化現象である。ファミリーレストランや回転寿司など家族向きの外食店舗は、家族のための場だけでなく、家事労働の負担を軽減する場を提供しようとするものであり、弁当、冷凍食品、レトルト食品、総菜など調理済み食品や菓子類も、家事労働からの解放というニーズに応えようとしたものである。

このように家庭内の食は開発され続け、家庭内の料理の主な担い手でもある主婦層の負担、例えばこまごまとした食材を調達する、料理をする、皿を洗う、献立を考えるといった負担は軽減されてきた。

家庭内に向けたこのような開発は、これからも止むことはないであろう。ターゲットは、増加している共働き世帯や単身世帯、そして料理を苦手とするあるいは家事労働から解放されたい若年層だけではない。少子高齢化社会のなかで増える、高齢者世帯も対象である。

実際、昨今では高齢者世帯向きの調理済み商品開発が進んでいる。家事労働に慣れていたのに、老化によって家事労働が苦痛になっている後期高齢者世代の層が分厚くなっているからだ。

魚を買わなくなった

そのなかで、魚の消費量は急速に落ち込んでいる。これは、政府が刊行している『食料需給表』(農林水産省)や『家計調査年報』(総務省)のどちらの統計からも、はっきりと確認できる。

かつては高齢社会に向かい、魚の消費は増えるだろうという説があった。齢を重ねると、肉より魚を嗜好(しこう)するようになるという「加齢効果がある」という説だ。

しかし、二〇〇七年のことではあるが、秋谷重男氏が『家計調査年報』の数値を使って分析し、「加齢効果」説を覆(くつがえ)した。加齢効果は団塊の世代までで、その世代以下は加齢効果がなく、そして超高齢化すると加齢効果が出ていた世代ですら魚を食べなくなる、というのである。

たしかに統計は、その傾向を示した。『水産白書』(水産庁)まで、この事実を取りあげた。

では、なぜこうした現象が起こっているのか。

その前に、食べるという行為について考えてみたい。

家庭内で食べることを考えると、まず食事のために材料を買う。その材料とは、常時冷蔵庫に保存しておくべき汎用性(はんようせい)のある食材や調味料と、あるいは長期保存が可能な冷凍食品や加工品、そしてその日または近日中に食する生鮮食材である。

ちなみに米国と違って居住空間が狭い日本では冷蔵庫は小さく、大量に保存できない。料理をする家庭では、買い物は小まめになる。

そのうえ家計の状況を睨(にら)みながら毎日の料理を考えなければならない。そう思うと、決して楽な仕事ではない。やりくりは大変だ。

もちろん、こうした日々の食を考えることが楽しく、あるいはそのことにやり甲斐を見いだし、まったく苦にしない人もいるだろう。

しかし、世代交代と核家族化が進んでいくあいだに、そのような人たちは相対的に減り、親から子へと家庭内で「食」の知恵や料理の技も継承されなくなり、仕込みに時間のかかる料理はむずかしくなり、生鮮食材においても加工された商品を積極的に購入したりする人が増えている。

とくに都市部には、戦後から高度経済成長期までに農山漁村から移り住んできた移住者がたくさんいて、当時は農山漁村にあった食文化が都市生活者にも根づいていた。しかし、核家族化がさらに進むとともに、都市内部で人は生まれ育つので食生活も変質してしまった。

しかも、先に触れた通り、個食化と食の外部化が急激に進み、家庭内にストックされる食材は生鮮食品が避けられ、冷凍食品または加工製品の割合が多くなった。買い物も簡素に済まそうという傾向が強くなっている。

より安いものを求め、商店街の青果店や鮮魚店に出かける若年層はまれになっている。青果店や鮮魚店がないまちもあろう。買い物先はスーパーマーケットが主流である。スーパーマーケットなら、無言で値段を確認して商品を手にすることができ、人間関係が希薄化するほど、これが便利に感じられる。

店のなかには、便利な家庭内消費向けの商品がそろえられ、サイズも核家族時代に合わせて小量化されている。調理食品、総菜などの加工品の品ぞろえが多いことから、スーパーマーケットに行けば献立をサポートしてくれるし、時間も節約できる。スマートフォンでネット上のレシピを見てから店内で必要な食材を選ぶこともできる。利便性には長(た)けているが、顔をつき合わせての会話からしか伝わらない食の知は広がらない。

丸魚ではなく

このような時代に、尾頭(おかしら)の付いた鮮魚、いわゆる丸魚の消費量が伸びるはずがない。丸魚を買うとなると、魚のことをよく理解し、手際よく包丁でおろすことができなければ、おいしく食べられない。包丁の使い方は、学校の家庭科の時間で教わるものの、それだけでは足りず、親子間で継承されるか、みずから訓練しなければうまくならない。さらに、丸魚を買う場合は、残滓(ざんし)を出さないような工夫やごみの処理をうまくしないと、部屋に臭いが充満する。焼き魚のときも、煙が部屋に残る。

それゆえ、丸魚の購入はずいぶんと避けられるようになった。今日ではたくさんの種類の丸魚をそのまま陳列するスーパーマーケットは少ない。シーズンになると発泡箱のなかに氷水に漬けたマアジやサンマが置いてあることもあるが、多くはトレーパックにパッキングされて、ショーケースに陳列されている。

「生食用」や「加熱用」など顧客が用途を考えるうえで判断できるような表示が付されているが、そこには売り手との会話はない。もちろん、切り身になっていたり、さしみになっていたり、ときにはタタキになっていたりする鮮魚商品もある。鮮魚とは言え、加工されている商品のほうが多い。

しかしながら、魚好きならば、好んで丸魚を買う。なぜなら、しっかりと氷蔵されてきた丸魚であるのならば、鮮度がよいし、料理の直前に鱗(うろこ)を取り、包丁を入れて、頭、腸、尾、鰭(ひれ)、皮を切り落としたほうがおいしいと考えているし、頭やあらも煮付けにしたり出し汁に活用したりするからだ。

マアジ、マイワシ、サバ類、サンマなど青物はもちろんのこと、さまざまな小魚はみずから捌くことを前提に購入する。また、みずから捌かないにしても、店内のバックヤードで捌いてもらって購入しようとする。あらも持ち帰って利用する。

自分で捌けないとしても、さしみ用ならばサク(切ればさしみになるブロック状態のもの)になったものを購入するし、焼きや煮物用ならば切り身になったものを購入する。

これならば、包丁が使えるかどうかは関係ないし、ごみも出ない。しかし、である。それらの魚ですら消費は低迷しているようだ。

データで魚の消費を見る

家計における魚の消費の動向を見てみよう。

『家計調査年報』において鮮魚、貝類、さしみ盛り合わせ、塩干魚介(例えば、塩サケ、タラコ、シラス干しなど)の消費量が集計されているので、この変化から見よう。

次の図3を見てみたい。これは一九九二年を一〇〇とした場合の増減傾向を示している。

鮮魚、塩干魚介においては一貫して減少。さしみ盛り合わせは減少するものの一九九八年に底を打ち、また増えるが二〇〇五年以後落ち込んでいく。貝類は一九九九年まで横ばいだったが、その後、減っていく。

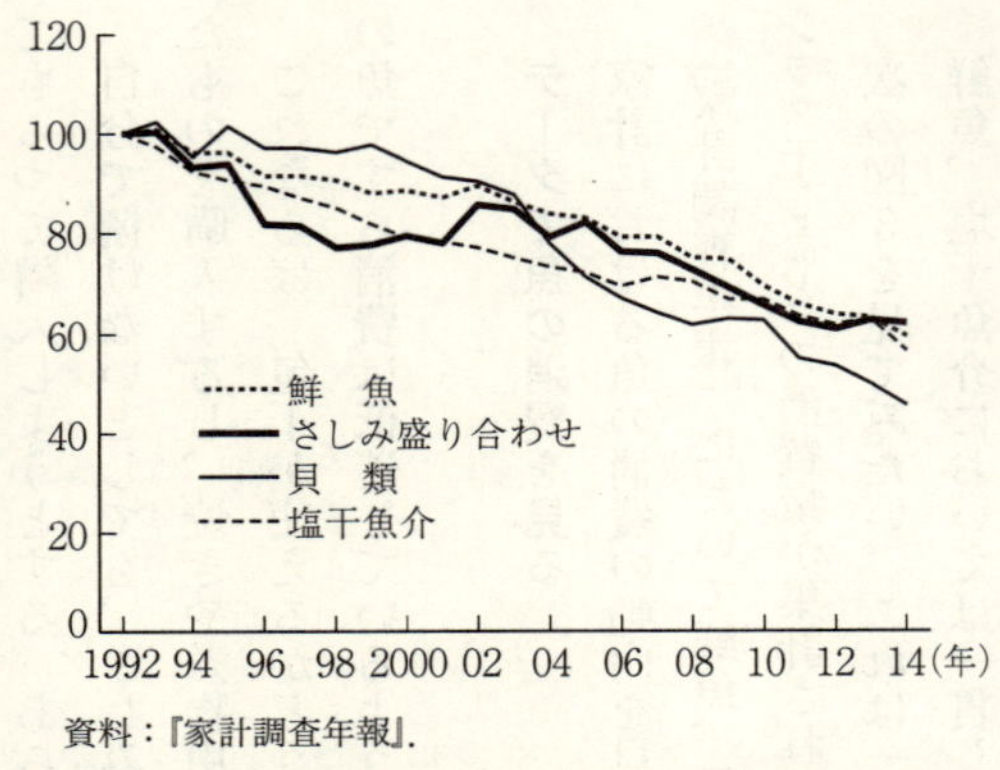

資料：『家計調査年報』.

図3　水産物のカテゴリー別家庭内消費量の変化(1992年＝100)

それらを購入額(消費金額)で見たものが、図4である。購入額については魚肉練り製品と他

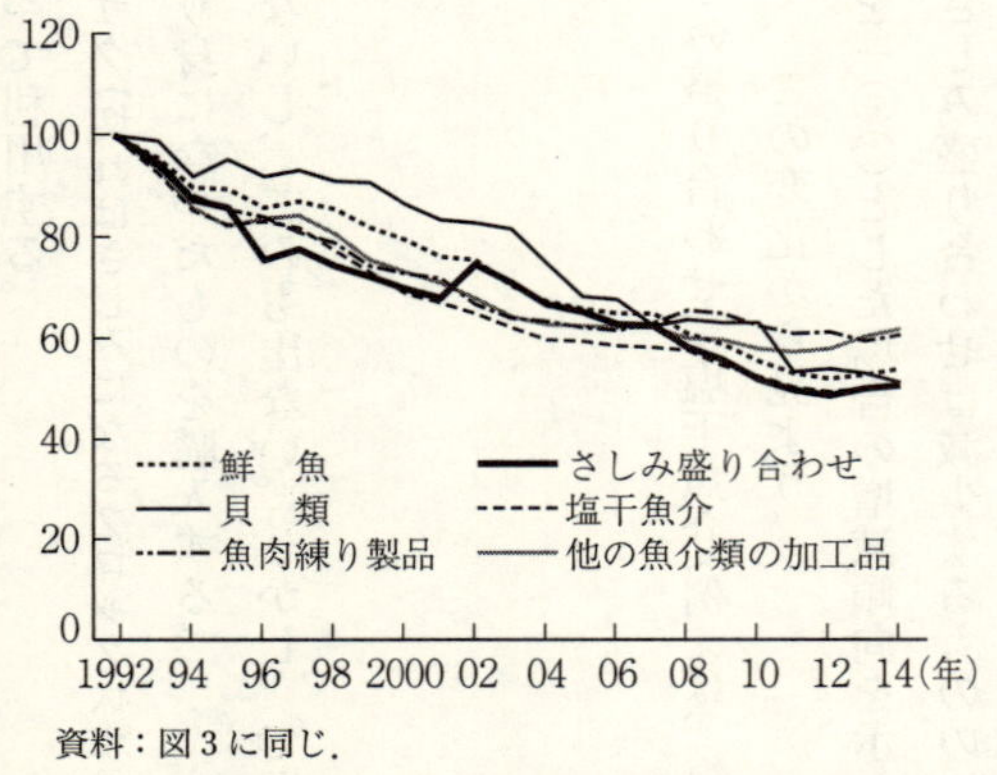

資料：図3に同じ.

図4　水産物のカテゴリー別家庭内消費金額の変化(1992年＝100)

の魚介類の加工品も集計されているので、加えてみた。全面的に減少傾向であることがわかる。ただし、どれも二〇一二年に底を打ったような状況である。購入量が減少しているなかで、購入額は横ばいか増加傾向になっている。円安傾向のなかで輸入原料高となった影響が、購入単価を押し上げた可能性が強い。

ただ、魚介類の消費が減っているとはいえ、魚種別にみると必ずしもそうでないという状況は、これまであった。

例えば、サバ類、サケ、マグロなど輸入魚の占める割合が高い魚種においては、一九九〇年代からのデフレ不況下では円高であったことから増える傾向にあった。輸入魚はないが、養殖ものの割合が高いブリ類も増える傾向にあった。しかし、この傾向も頭打ちである。

次ページの図5と図6を見てみよう。

九〇年代にはアジ、タイ、カレイなどの魚種が下降傾向を強めていくのに対して、マグロ、カツオ、サケ、サバ、ブリは二〇〇〇年代なかばまでは、上昇傾向、または横ばいであった。

ところが、マグロ、カツオ、サバは二〇〇六〜二〇〇八年から消費量は減っている。近年のブリ、サケの消費量も、上昇傾向にはなっていない。

サンマは、九〇年代には消費量は落ち込んでいたものの高鮮度流通体制が確立された二〇〇〇年代になってから回復した。しかし、近年また少なくなっている。
次にイカ・タコなどの頭足類と、カニ・エビなどの甲殻類および貝類の消費量の動向を示した図7、図8を見てみよう。

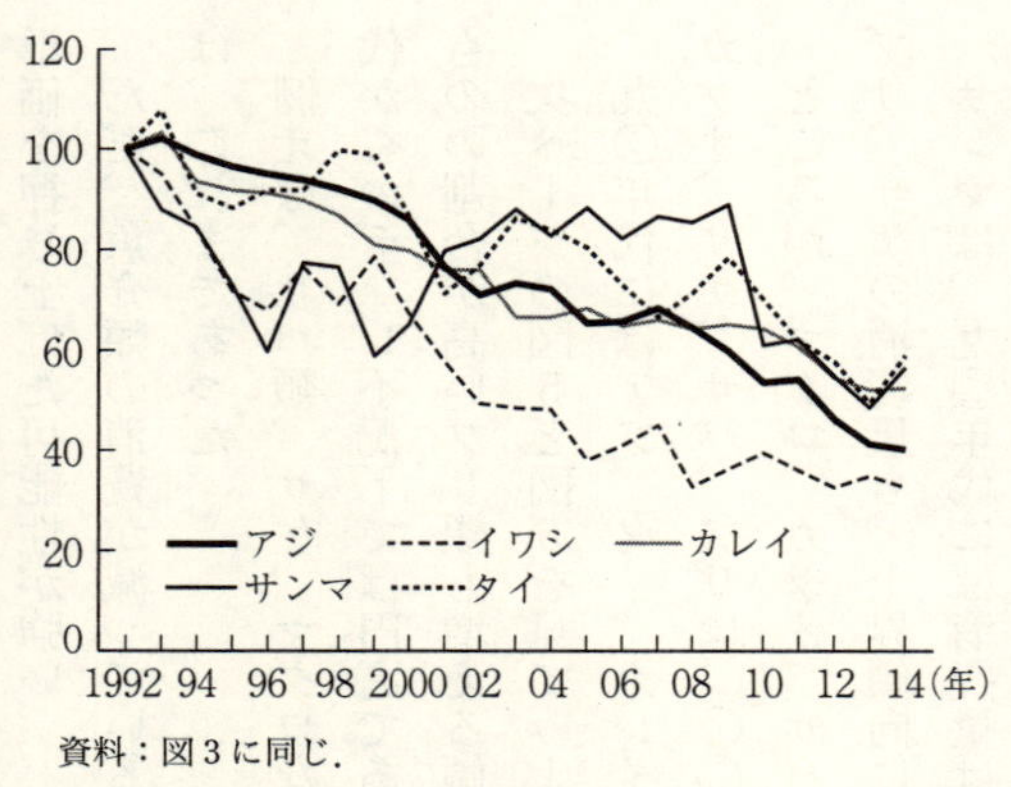

資料：図3に同じ．

図5　魚種別(アジ，イワシ，カレイ，サンマ，タイ)家庭内消費量の変化(1992年＝100)

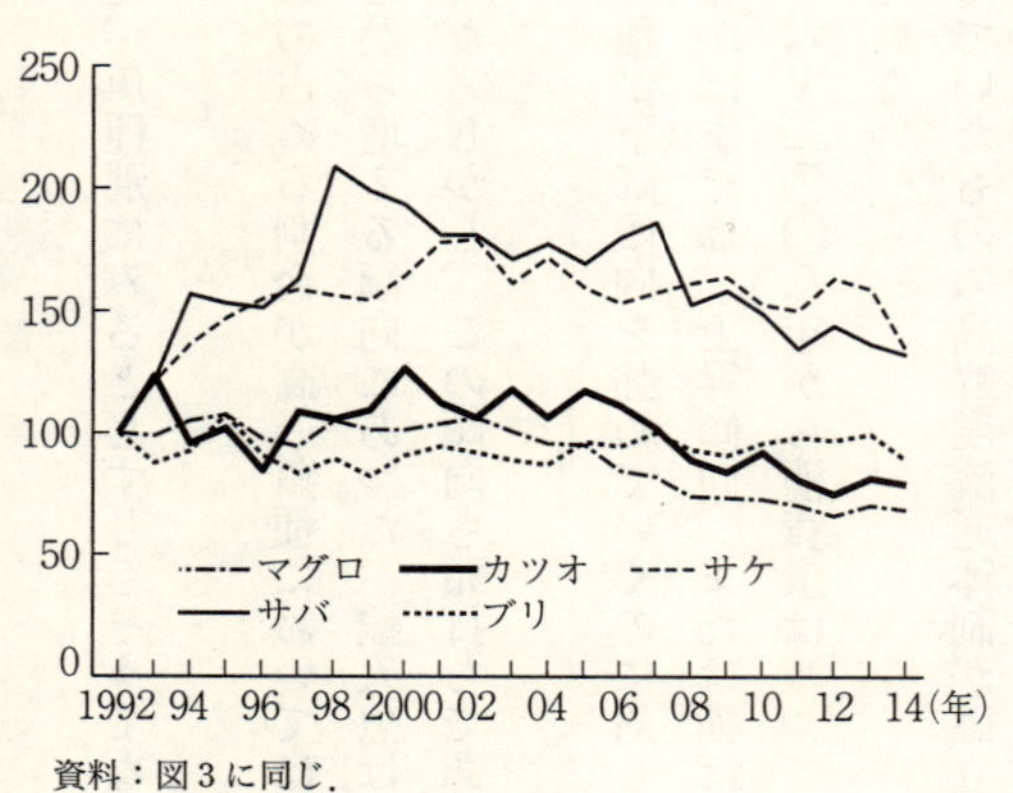

資料：図3に同じ．

図6　魚種別(マグロ，カツオ，サケ，サバ，ブリ)家庭内消費量の変化(1992年＝100)

タコやホタテガイのように大きく変動するものもあるが、基本的に近年、減少傾向を強めている。カニを除けば、これらは料理の具材で使われるものである。料理の機会自体が減り、家庭内消費が減ったのであろう。

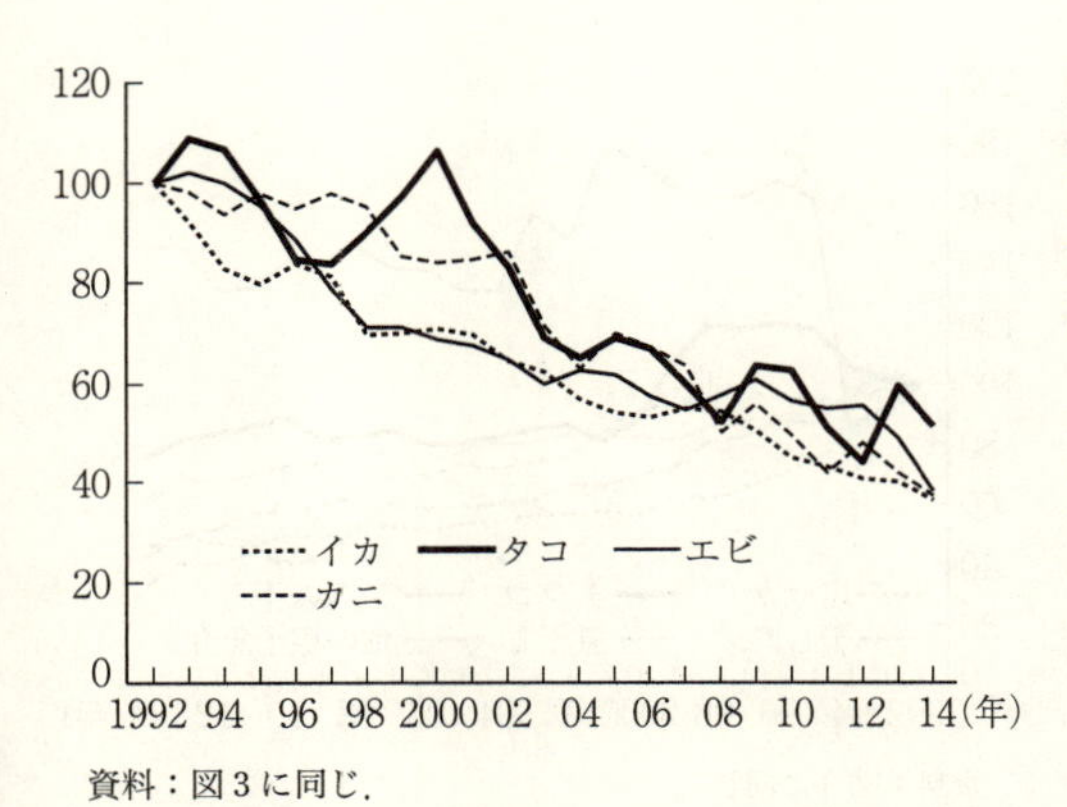

資料：図3に同じ.

図7　魚種別(イカ，タコ，エビ，カニ)家庭内消費量の変化(1992年＝100)

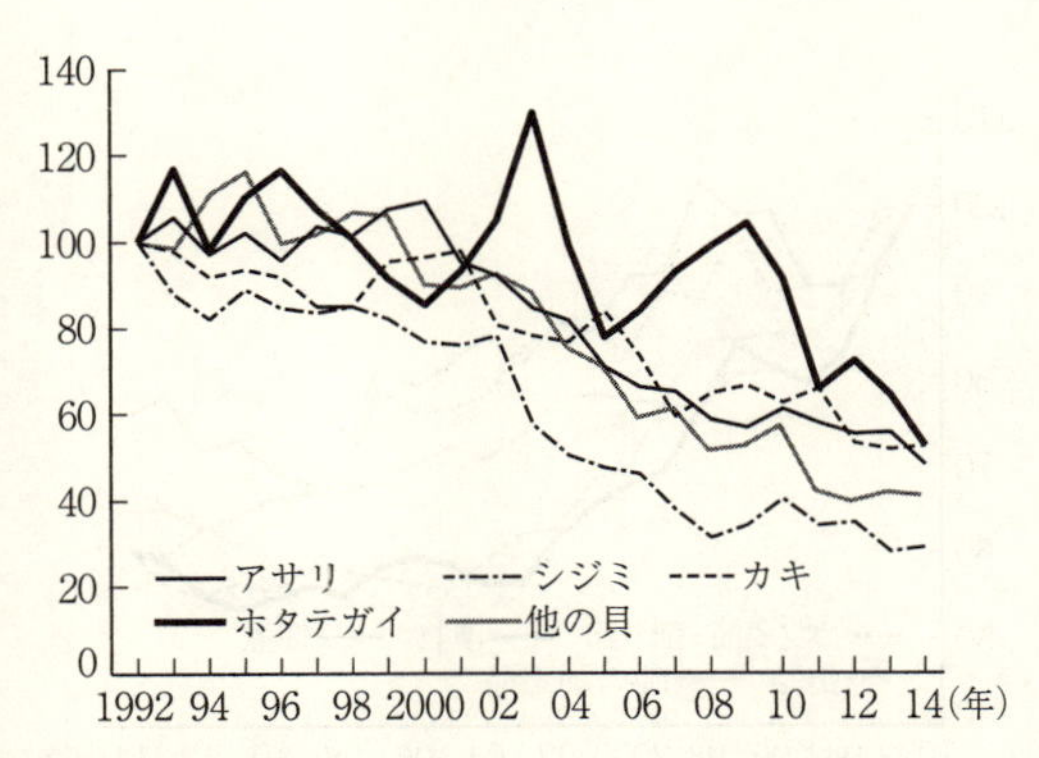

資料：図3に同じ.

図8　貝類別(アサリ，シジミ，カキ，ホタテガイ，他の貝)家庭内消費量の変化(1992年＝100)

図9は塩干魚介の消費量の推移である。九〇年代後半はシラス干しとタラコは増加傾向にあったが、その後は横ばい状況になっている。これらを除けば、やはり減少傾向である。

そして図10は、その他の水産加工品の購入額の推移を示している。どれも減少傾向をたどっ

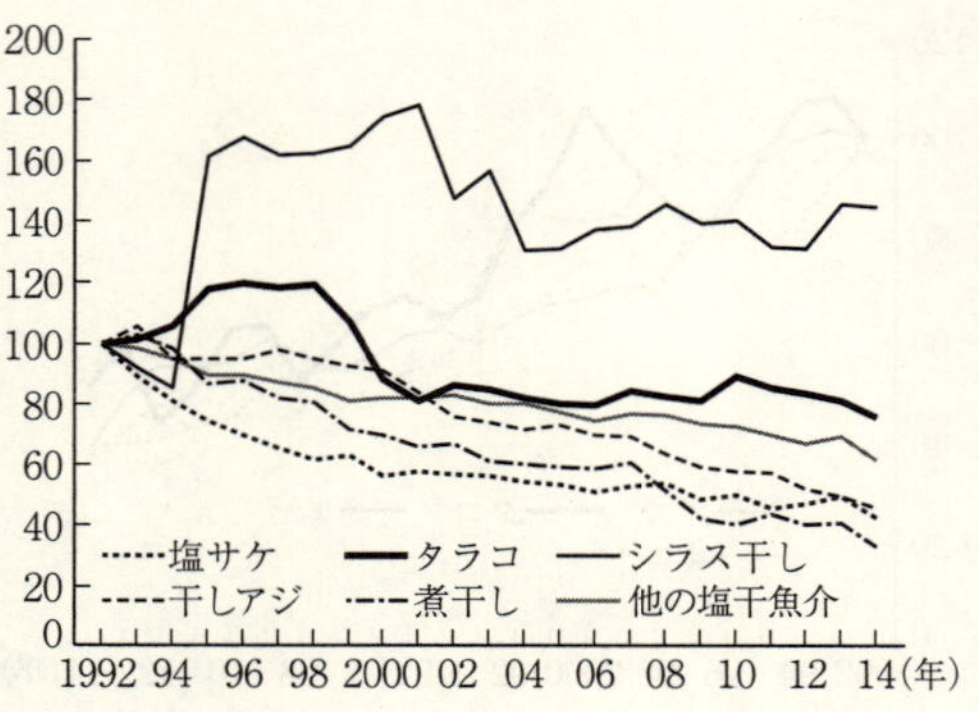

資料：図3に同じ.

図9　塩干魚介別(塩サケ，タラコ，シラス干し，干しアジ，煮干し，他の塩干魚介)家庭内消費量の変化(1992年＝100)

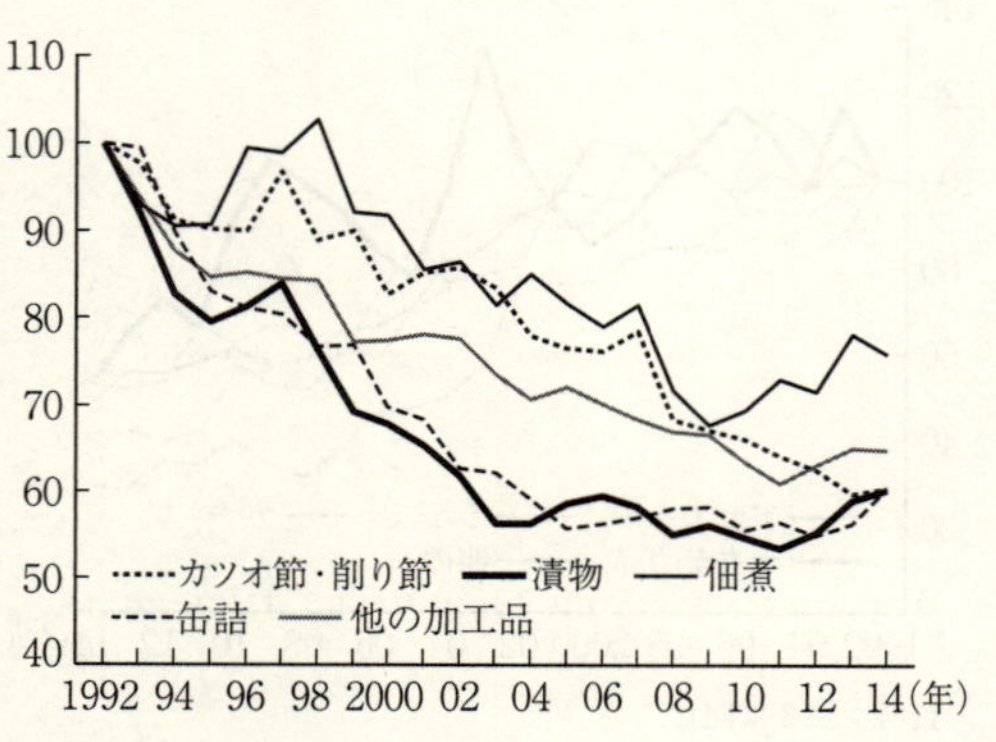

資料：図3に同じ.

図10　水産加工品別(カツオ節・削り節，漬物，佃煮，缶詰，他の水産加工品)家庭内消費金額の変化(1992年＝100)

てきたが、近年は、カツオ節・削り節を除けば、少し増える傾向となっている。以上のように、魚種別、商品形態別にみても、横ばいないしは下げ止まり状態のものが一部にある程度で、上昇傾向を示すものは少ない。漁獲される総量との関係から、増減する魚種もあろうが、これから伸びる気配はない。

失われた魚と人の出会い

都市生活者にとって魚は面倒な存在であるかもしれない。先にも触れたように、丸魚で買うと、鱗(うろこ)が飛び散るし、焼いたら煙はでるし、料理となると手間はかかるし、生ごみとなる残滓も出る。頭、鰭(ひれ)、鰓(えら)、皮、腸、骨である。家庭菜園レベルでも畑を持っていれば、魚の残滓はコンポストでつくる堆肥の原料にでもなるのだが、都市住宅街では無理な話だ。都市部ほど「鮮魚の壁」は相当高くなっている。

さらに、魚種によるが、流通する魚のなかに寄生虫、生カキにノロウィルスがごくまれに入り込んでいることもある。煮たり焼いたりすれば問題ないが、加熱用食材に比べれば、生食でのリスクはある。

魚食は、どんどん便利になる時代だけに人から忌避(きひ)されやすい要素を多く持っている。では、それを乗り越えてでも、魚食をしようという人はどういう人か。カルシウム、DHA、EPA、タウリン、プロリン、ロイシン、アルギン酸など魚介藻類の成分の摂取を目的に、健康な食材として選ぶ人もたしかにいよう。

だが、やはり、おいしいものを食べたいと考える人、もっと言えば魚のおいしさを知っている人がほとんどではないだろうか。よりおいしさを知っている人は、高価な魚も好んで買う。筆者自身も、鮮魚を購入するときに健康食材なんて気にしない。とにかく味わいである。

例えば、直売所に魚を買い求めにいく人たちを調べるとよくわかる。直売所もいろいろなタイプがあるが、鮮度感を重視している直売所におかれている魚のレベルはかなり高くなっている。路上でおこなう伝統的な自由市場のようなところの魚とは違う。消費地では買えない、鮮度感のある魚である。

昨今、産地の直売所では、出荷者の責任によって販売されているケースがある。漁師が名前と値段をつけて出荷し、売れなかったらみずから回収する。

こうした方式なので、自信を持って出荷する漁師が活用する。一品一品大切に扱うので値段は決して安くない。来る客には、料理人や魚好きが多い。遠くから自動車に乗って買い付けに来る人も少なくない。一ヶ月に一〜二回のことかもしれないが、彼らは魚を食べるのを休日の楽しみにしている。

魚好きは、魚を見て、探して、料理して、食べるというプロセスを苦にしない。市場で魚を見ているだけでも楽しめる人たちで、食べるまでのプロセス全体が楽しみなのだ。これは、もはや「レジャー」の域に達している。

そもそも、生きていくうえで食は欠かせない。食は、飢えを凌ぎ、空腹という苦痛から逃れ、生き物として再生をするために不可欠である。しかし、動物だって好んで食べるものと、食べないものがある。少なくとも、「食」に選択肢がある以上、おいしいものを選ぶ。

家計と相談

ただ、魚食が選択されるかどうかは、家計との相談にもなる。

そこで『家計調査年報』から二人以上の世帯のエンゲル係数（消費に占める食の割合）をみると、一九六三年には四〇％近くあった。しかし、その後、消費構造が大きく変化して、低下した。生活水準が上がればエンゲル係数は下がるので、これはこれでよい。しかし二〇一三年までは二三％前後だったのが、二〇一五年には二五％と上昇している。

可処分所得（所得から租税公課を差し引いたもの）は、一九九七年の月額四九万七〇〇〇円をピいるとは言えない。

〇一四年四月)、そしてさまざまな物価が上昇していることを考えると、家計にゆとりが戻って

く上昇しているわけではない。教育費、交通・通信費、医療費の増加、消費税率のアップ(二

ークに落ち続け、二〇一一年には四二万円まで落ち込んだ。その後、持ち直してはいるが大き

『レジャー白書』(公財)日本生産性本部発行)に記されている調査結果でも余暇支出については、一九九八年に「減った」と答えた人が「増えた」と答えた人を上回り、余暇時間を見てみると一九九三年以後「増えた」よりも「減った」が上回った。その後「減った」が「増えた」を引き離し、二〇〇〇年に、その差は一〇%を超えた。二〇〇九年以後、リーマンショックにより残業などが少なくなったことから、その差は縮んだが、それでも今なお「減った」が「増えた」を上回ったままである。生活の窮屈さは解消されたとは言えない。

振り返ると、食品市場には、手軽で、便利で、安くて、最新の食品化学で開発された調理済みのレトルトや冷凍食品あるいはファストフードが溢れている。繰り返しになるが、やはり時間や手間、料理の習得に時間を要する魚食が廃れていくのも無理もない。

魚食を選択しない人が増えると、鮮魚売場も縮小する。尾頭付きの魚がまれな存在になり、名ばかりの鮮魚売場が今やふつうの存在である。

もし、魚のおいしさの喜びがどのようなものかを知っていたとしたら、喜びにたどり着くために、時間をかけて、腕を磨いて「鮮魚の壁」を乗り越えようとするか、それができなければ、料理人に対価を払ってでも食べる、ということになる。

しかし、「魚がおいしい」という喜びがどのようなものなのかを知らない、あるいは忘れている人にとっては、「鮮魚の壁」はずいぶんと高い。その壁の向こうにどんな世界が広がっているのか、サッパリわからないのではないだろうか。

食べる喜び

日本社会は、戦後一貫して物的な豊かさを求め、経済発展が優先されてきた。しかしながら、その裏側で、積み上げられてきた文化が衰弱してきた。科学技術や工業の発展によって、文化の必要性が失われたのである。

料理の世界では、その伝統が引き継がれてきたが、洋食などの外来文化も入り、多様化した。和食文化は相対的に弱まったが、それはそれで食は豊かになった。

しかし昨今の食の状況を俯瞰（ふかん）すると、一方で「食べる喜び」が生活のなかでどれだけのものになってしまったのか、疑問を抱く。

顕著になっている「個食」や「孤食」という現象は、どうであろうか。食べるという行為が「腹を満たす行為」だけに特化して、他者とのあいだに挟まれるものではなくなっている。この現象においては、「食べる喜び」が薄れていると言えないだろうか。

もちろん、「食べる喜び」があるかどうかは、その人の主観である。単純に金額で測ることもできなければ、明確に定義することもできない。

しかし、今日の「食べる」という行為は、効率的な生活をおくるための機械的な行為となり、それまで先人が積み上げてきた苦労、知恵、工夫、分かち合いなどの文化性や精神性が後退し、形骸化、空洞化しているのではないかと思うのである。

「食」を構成する行為は、材料を見極める、材料を仕入れそろえる、仕込む、料理する、盛りつける、材料や料理の知識をつける、新しい味を発見する、などがある。

つまり、「食べる」には、その前提として「つくる」、「知る」、「覚える」、「身につける」という生活の術と、その学びがなければならない。さらに、食が分業されると、食を通した支え合いの関係がそこに形成される。

そして、「食べる喜び」には、個人において「味わう喜び」のほか、「つくる喜び」、「知る喜び」、「覚える喜び」、「料理を身につける喜び」が、他者との関係において「分かち合いの喜び」がともなっているのだと思う。

だが、いまの日本社会、とくに都市社会においては、そのようなことを考えて生活している人はどれだけいるのだろうか。

魚食普及

こうしたなか、魚食普及活動が活発化している。行政をはじめ、漁業団体、卸売市場、水産関連団体がおこなっている。生活者が気軽に参加できるような工夫を施した魚料理のイベントが、各地でたびたび開催されている。魚の基礎知識から、包丁の使い方、またはどうやったらおいしいのか、など料理の手ほどきまで、普及内容はさまざまだ。

魚食普及活動は、深刻な「魚離れ」を防ぐための活動である。その活動の本質は、参加者に「食べる喜び」と、それにともなう「喜び」を再発見してもらうということだと思う。

ともあれ、魚を食べたいと思わない人々に強要するわけにはいかない。冷徹に考えると、鮮魚の消費低迷は、生活者の自由選択の結果なのである。なのでむしろ、魚は簡便性食材の原料になればよい、という発想もあろう。

しかし、魚が簡便性食材の原料になって魚の消費は回復するのだろうか。残念ながら、例えばヒット商品はあっても、その需要は長持ちしなかった。食材市場内部で競争原理が働き、新しい簡便性商品が開発され、取って代わる。でも水産物市場全体は先細りしていったのである。

この状況を踏まえると、「食べる人」を減らさないようにする、少しでも増やすということが、「魚職」の課題となる。

一方で、「食べる人」にも、魚食がどのように成り立っているのかを知ってほしい。

食は自然からの恵み。とくに魚は天然資源が多い。それを食材として享受できるのは、少なからず、苛酷な自然環境のなかで食材を採取する人がいて、それを流通させている人が存在しているからだ。その「魚職」の存在を知ることが、まず第一歩であろう。

また魚に骨があるからと言って、小売店にクレームをつける顧客がいるらしい。「骨なし」と商品に明記されていたならば、クレームがあってもしかたがない。しかし、切り身商品だから骨がないと思って買ったら骨が入っていたというのならば、クレームは行き過ぎであろう。種のないブドウ類やミカン類はあるが、イカ・タコ類や貝類など軟体動物は別として、骨のない魚類を見たことがない。骨なしの魚の切り身やフィーレ(三枚おろし)はあるが、それは加工現場で骨抜き処理がなされた商品である。

そもそも、魚には骨があるほうが自然である。介護向けの食材を除き、一般向けのものにおいて骨があっておかしいと言うのは、魚を知らないことによる典型的な例である。また魚は、季節や地域によって脂ののり方が異なる。そのため、同じ魚でも、季節や場所によって食べ方が異なる。旬の魚はもちろんおいしいが、季節はずれの魚でも食べ方しだいでおいしくなる。また、高級魚でなくても、庶民的な魚をおいしく食べるレシピは、いろいろと考えられている。

自分の希望の魚を、いつも買えるわけではない。しかし、それが自然ではないかと筆者は思う。毎日、同じ魚を食べることなどない。あるときにはアジ、サバ、マイワシ、サンマなどの青物、あるときにはマグロ類やカツオ、あるときにはカレイ類やヒラメ、あるときにはマダイやブリ、カンパチ、時折、アサリやシジミなどの貝類も織り交ぜ、自然の恵みと向き合いながら、日々の変化があるほうが飽きずに楽しめる。

魚の種類は地方によって異なるし、日々変化に富んでいるのが魚食の世界である。肉とは違う。そうした変化を織り込んだ消費を繰り返すことによって「魚職」も維持される。

一方、これまでも漁師のあいだでは食べられていたが、商品にならず見向きもされてこなかった魚が一般でも食べられるようになってきている。こうした未利用魚の開発ブームが二〇〇〇年に入ってから話題になったが、決してこの現象は一過性のものではない。

過去から現在に至る長いスパンで魚の資源動態を追っていくと、資源の増減は自然のことなので、人間がコントロールできるものではない。水揚げされてくる魚から食を考えざるを得ない。いままで獲っていた魚が足りなくなると、新たな魚を獲るほかはない。未利用魚の開発や既知の魚の新たな利用方法の開発は、昔からあり、いまもおこなわれている。

実際に、今では、かつてなかった寿司ネタがたくさん利用されている。エンガワと言えば、ヒラメのイメージであり、高級食材のイメージだが、今ではアブラガレイやカラスガレイを原料にした廉価なエンガワが使われるようになっている。かつて焼き魚食材のイメージだったサンマは、今では生食用としても流通している。こうした流通になってまだ二〇年は過ぎていない。

クロマグロの「トロ」は、今でこそ最高級の商材であるが、かつては二束三文の部位であった。食の西洋化が進み、脂身が好まれるようになり、かつ一九六〇年代後半にコールドチェーン(超低温の物流網)が発展し、寿司ネタの食材として普及し、流通するようになったのである(トロのような脂身は、もともと日本人の口に合わなかった)。

いずれにしても、既存の魚の「不足」やそれへの「飽き」と、新たな魚の「発見」、食べ方の「発見」による既存の魚の「再発見」が魚食の世界にはある。

「食べる人」を増やすには、地道な魚食普及活動が必要であることは言うまでもない。そこで期待したいのは、次の章に登場する「食べる人」と接する「売る人」たちである。

第二章

生活者に売る人たち

近所の魚屋

序章で触れた鮮魚店。この鮮魚店は、まちなかのお店であるにもかかわらず、魚がないときは、ない、としていた。そして、自家加工した商品(アジの開きなど)を申し訳なさそうに並べていた。鮮魚を並べていた棚は、がら空き。店先では、魚がたくさんあるときは、声を張り上げて客寄せしていたのに、そのときばかりは「ゴメン。今日は魚屋さんではないよ」と言っていた。

鮮魚店と言っても、市場で仕入れるので鮮魚がまったくないというのは、昨今ではまれだ。事実、近隣の鮮魚店にはいろいろな鮮魚がある。このような店の人からすると、客が来るのに商品である魚を置かないなんてあり得ないと言うだろう。

どちらも鮮魚店なのに、この違いはどこから来ているのか。筆者が愛用していた店の仕入れ先は、主として「産地市場」(神奈川県三浦市三崎水産物地方卸売市場)だったからである。

つまり、漁業者が出荷する市場(産地市場)から仕入れ、毎日獲れたての魚を店に並べていた。この強みがある一方、海が荒れて漁業者が休漁しているときは魚がないということになる。

通常、鮮魚店の仕入れ先は「消費地市場」である。全国から魚が集められている市場で、近隣の海域が荒れていて操業がおこなわれていなくても、荒れていない海域で漁獲された魚がどこからか集まってくる。しかし、品薄になると相場が跳ね上がるので、鮮魚が高すぎると、やむを得ず店では冷凍魚を解凍したものを並べたり、切り身にしたりして売っている。常に、店頭に魚があることが前提になると、そうせざるを得ない。

このように鮮魚店の仕入れのあり方は、店によってまったく違う。鮮魚店は、仕入れが勝負。それが店の持ち味である。自分の店に来る客層に合わせて、仕入れをしている。

客のなかには、料理人などプロもいる。料理人は、品定めに妥協しないし、魚屋に対する評価は厳しい。よいものなら高くても買うが、ものがよいか悪いか、魚屋に遠慮なく物申す。魚屋も、料理人や魚好きのニーズを裏切らないためにも必死になってよい魚を仕入れようとする。その分、ない日は、はっきりないと言う。嘘を言っても通じないからである。

それとは逆に、魚屋側から客に提案して買わせることもある。「今日、よい魚入ったよ。これ、お勧めです」と。

筆者はよく、この言葉にひかれて魚を買った。もっとも虜(とりこ)になったのは、イシダイ。そんなに大きくなくても一尾二千円ぐらいの値段がつけられていた。庶民感覚からすると高価だが、イシダイは、はずれがなかった。私がイシダイの虜になっているのを魚屋は知っているから、店に行ったとき「昨日はあったのに」と言ってくれることもあった。

ちなみに、魚屋は、ある魚に対して高くても欲しいという注文があれば、その魚を必ず買うが、注文がなければ、市場にその魚があっても必ず仕入れるわけではない。店に来る顧客層が買える値段で仕入れることができるかどうかが、重要なのである。

どのような魚を仕入れるかは、季節、曜日、天候などを踏まえる。来る客を想定しながら、余らず、不足せず、しかも客が買える値段の魚を適度に仕入れる。このとき、残ったら加工品や総菜の原料に回すことも想定している。

客が店を育て、店が客を育てる、このような相互関係のなかで鮮魚店は存立してきた。

しかしながら、鮮魚店とて、今日の買い物客のニーズを無視できない。鮮魚店の強みとして、頼まれれば客の注文に応じて目の前で魚を捌いてくれるが、それだけではやっていけなくなっている。

鮮魚店でも、スーパーマーケットの鮮魚売場のように、アイランドタイプのショーケースや冷蔵ショーケースを店内に設置して、冷凍魚や加工品、さしみ盛り合わせや寿司の盛り合わせを販売している。鮮魚店ではあるが、結局「鮮魚」だけでは集客できないようだ。

そのように鮮魚店も顧客ニーズに対応していくが、店舗数の減り方は著しい。『商業統計』(経済産業省)で確認すると、一九九一年から二〇一四年にかけて、事業所(店舗)数は七三%も減少し、販売金額は六五%、総売場面積は五六%も減少した。有力な鮮魚店は残ったが、零細な鮮魚店は数多く廃業した。商店街の衰退とも連動していよう。

商店街の系譜

鮮魚店の減少傾向は、「魚離れ」だけによってもたらされたわけではない。都市の発展と関係してくる。

市街地区域には、たいてい商店街がある。いまでは多くの商店街がシャッター街になっているとはいえ、どの地域にも旧市街地に活気ある商店街があった。

そこで、商店街の歴史を簡単に辿(たど)ってみよう。

江戸時代、都市部の食料品小売形態は、振り売り(行商人)による販売が中心であった。農漁村部から来る農民、漁民が生産物を運んできた。そしてまちには青果市、魚市など、いわゆる自然発生的な「市」が形成された。それらの「市」のなかには、幕府公許(こうきょ)のものも存在していた。明治維新後も、しばらくはそうした公認・非公認の「市」がまちの食料品購入の場であったが、明治中期になってくると、「腰弁族」が多い住宅街が形成された。そこでは振り売りから店売りへ変わる小売商が増えていった。青果店や鮮魚店などの食料品店である。

商店街の系譜は、それだけではない。一九一八(大正七)年に富山県で端を発した米騒動を契機に、都市住民に食料品を安定供給するための公設小売市場が開設され、それらが後に商店街になったケースもある。

大正後期になると、都市内外に鉄道が整備されるなかで郊外に駅ができ、その前に商店街、さらにその背後に住宅街が開発されていった。東京圏では関東大震災(一九二三年)後の復興で、そうした地域開発が勢いづいた。拠点の駅前に立地する百貨店も、大衆向け小売り業態として存在感を出すようになった。

こうした大正から昭和にかけての都市膨張のなかで、商店街が都市生活者のインフラとして欠かせないものとなると同時に、食料品の注文を各家庭からとり、食料品店から仕入れて配達する「御用聞き」という商売も増える。商店街が近くにない世帯や、大家族の世帯では御用聞きは便利な存在だった。小売経済が都市で発展したのである。

商店街は一方で、昭和恐慌(一九三〇~三一年)によって農村から都市へ移住してきた人たちのための働き口の受け皿にもなった。都市が拡大するなかで、都市に来ても働き口がない離農者にとっては、ハードルが低い職業選択肢だったということであろう。

　現在でも、駅前には空き店舗が多くても商店街が残っている。主要な駅だと、まだ活気があり、百貨店もある。そして商店街には、洋服屋、花屋、おもちゃ屋のほか、青果店、乾物店、精肉店、鮮魚店と食品専門店などがそろっている。その周辺には、食堂、寿司屋、居酒屋、バーなどの飲食店もあって夜も賑やかなまちもある。これら商店街の外側には居住区があり、そこから買い物客が集まってくる。

郊外へ

　かつては百貨店と商店街が対立していた時期もあったが、時がたつにつれ、共存するようになった。ある程度高級な品は百貨店で、日常品は商店街で、それぞれ買い物を楽しむ。いずれの物も買いそろえるのに不便はない。にもかかわらず、昨今では双方で買い物客が少なくなった。

　商店街に魅力がなくなった、通っていた店がなくなった、郊外の量販店と比較すると品ぞろえが少なく価格も高め、など理由はいろいろあろう。いずれにしても、買い物客が市街地に行かないような都市空間が形成されたということになる。

その経緯を追うと、次のようになる。高度経済成長を経て、物質的に豊かになった日本の暮らしは狭い市街地とその周辺空間から、より郊外へ移っていった。一九六〇年代後半からである。

市街地郊外では、戸建て住宅と公営集合住宅が立ち並ぶ居住区域の開発が広がり、ベッドタウンが形成されると同時に、電車やバスなど公共交通機関も発展して、居住区とビジネス街が分離していった。

郊外には、ショッピングセンターも建設された。ショッピングセンターといってもいまのものと違い、小規模である。ただし、そのなかには必ずスーパーマーケットがあり、都市郊外の暮らしと直結していた。

それでもバブル経済期までは、駅前を中心とした旧市街地への買い物客はすぐには減らなかったし、百貨店の地位は揺るがなかった。百貨店の地下、いわゆるデパ地下は高級食材の宝庫である。テナントに入っている鮮魚店、魚の加工品店、乾物店の商品はいずれも品質のレベルも価格帯も高く、お歳暮やギフトにも使われてきた。

しかしながら、駅前市街地や旧市街地の買い物ゾーンはバブル経済崩壊後、活気を失っていく。景気後退、消費低迷が、それらの買い物ゾーンの不況を招く一要因になっていると言えようが、それだけではない。郊外に大型店舗が増えて、買い物客が市街地から郊外に流れていったのである。

この背景には、一九八〇年代後半の日米構造問題協議を介した米国の圧力によってもたらされた規制緩和、内需拡大、あるいは公共事業の拡大がある。

九〇年代に入り、市街地郊外のバイパス道路やその道路沿いの大型店舗の商用地が開発され、大型ショッピングモールの開発が進んだ。また、一九九一年に大店法(大規模小売店舗における小売業の事業活動の調整に関する法律)も改正され、商工会議所(や商工会)と大型店舗の企業とのあいだで設置する、商業活動調整協議会(商調協)の制度が廃止となった。このことにより、事実上、地元の商工会議所や商工会が大型店舗の出店を阻むことはできなくなった。

戦後、スーパーマーケットが現れて以来、量販店の店舗面積は一貫して拡大していたが、九〇年代以後に大型商業施設の店舗展開が一気に加速することで、拡大傾向はより強まった。

次の図11において年代別に見ると、ショッピングセンターが新たに立地した場所は八〇年代から郊外が多くなり、九〇年代、二〇〇〇年以後は突出するようになった。

またチェーンストア協会に属する量販店の総店舗面積は、二〇一〇年をすぎると、一九九一年頃の倍以上になっている(図12参照)。

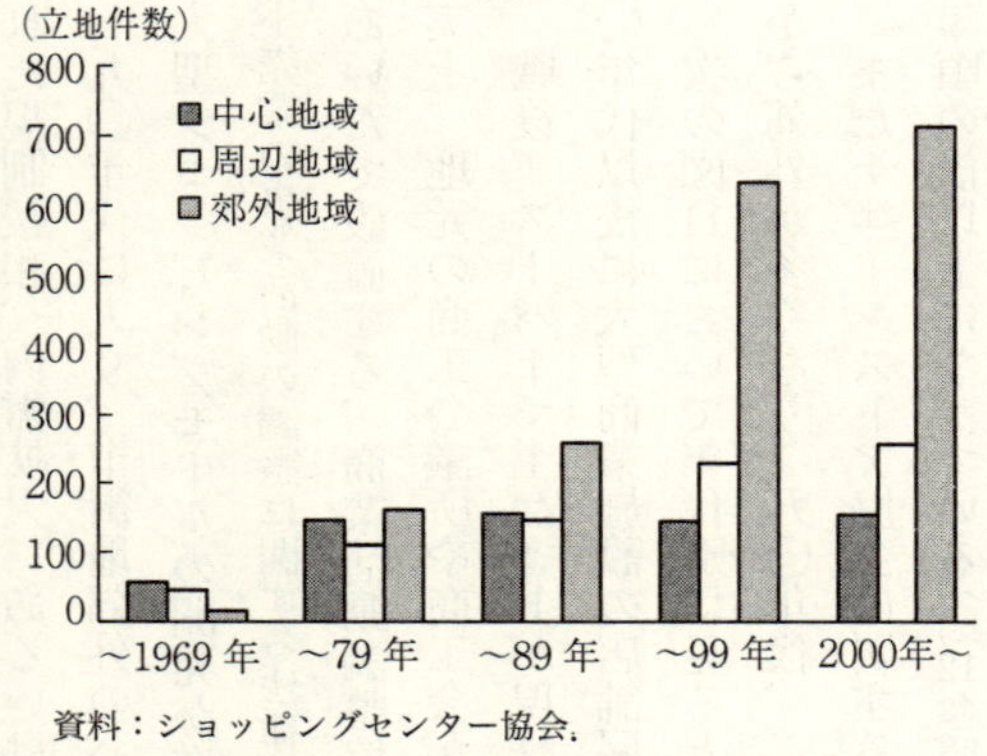

資料：ショッピングセンター協会.

図 11　ショッピングセンターの立地状況の推移

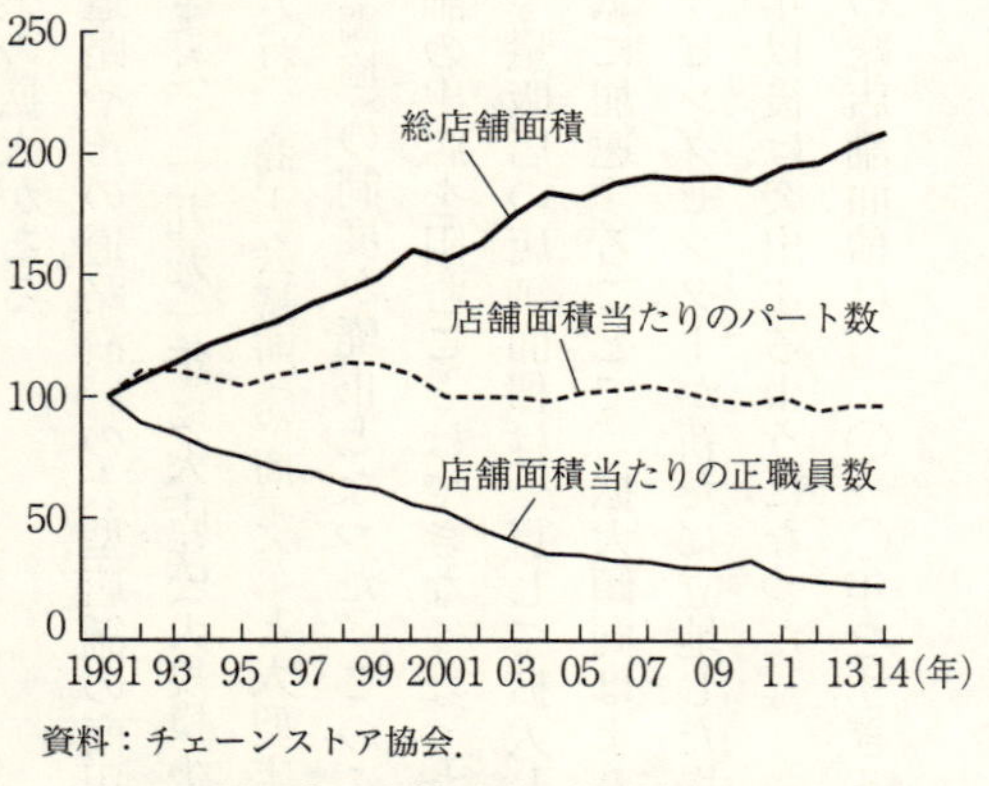

資料：チェーンストア協会.

図 12　量販店の店舗展開の推移(1991 年＝100)

一方、もともと宅地開発とともに立地したショッピングセンターは、住宅街に囲まれるようにあり、徒歩の客が集まる場であった。そこには、スーパーマーケットと個人経営による専門小売店が同居していた。しかし、郊外のベッドタウンにある電鉄の駅と直結しているショッピングセンターにおいてはある程度集客力を残すが、それ以外の小規模なショッピングセンターに向かう客足はピタリととまった。

買い物客は、自家用車に乗って郊外をめざすようになった。その郊外には、国道など幹線沿いに旧来のショッピングセンターの規模に比べて、はるかに大きな量販店が乱立していった。電気店、おもちゃ屋、アパレル店、靴屋、釣具店、家庭用品(ホームセンター)などの量販店に、大型のスーパーマーケットである。ファミリーレストランや回転寿司など、外食チェーン店もある。

それだけではない。用地に余裕のある郊外には、巨大なショッピングモールも開発されていった。このなかにはスーパーマーケットのほか、電気店、書店、アパレル店などテナントショップが勢ぞろいしている。百貨店＋商店街のような高級と大衆がミックスされた買い物ゾーンとは雰囲気は違うが、商店街にあった商品類はほぼそろう(ただし、まちに馴染んでいたかつての小売専門店と客との関係は築けないが)。もちろん、居酒屋、回転寿司、ファミリーレストランなどの外食店や、ゲームセンターやパチンコ店などもある。休日をショッピングセンターで過ごす家族が多くなった。

九〇年代は自家用車の供給台数も伸びていた時代である。(一財)自動車検査登録情報協会の統計データによると、国内の所有台数の増加は、近年が毎年五〇万〜七〇万台、八〇年代が毎年七〇万〜一〇〇万台。それに対して、九〇年代は毎年一二〇万〜二二〇万台だった。

地方では、複数台数の自家用車を所持する家庭がふつうになり、一家に三台という話も珍しくなくなった。と同時に、路面電車、ローカル線、路線バスなどの公共交通機関は縮小。高齢者や学生などは、従来から市街地商店街を利用していたが、車を所持しないため出かけにくくなった。

市街地も変わる

市街地周辺では人口が減少するとともに商店街に空き地が増え、駐車場が増える。そのため自家用車で市街地に出かけやすくなったが、それで商店街が再生したという事例は少ない。

香川県高松市の丸亀町商店街のように、ショッピングセンターに対抗する買い物ゾーンをテナントミックスという地権者から土地を借りるスタイルで、商店街の組合が再開発して再起したところもある。しかしまれな存在である。

市街地において食品や日用品の小売りを引き継いだのは、大手小売企業が展開したコンビニエンスストア（CVS）であった。CVSは、大手小売企業（フランチャイザー）の加盟店（フランチャイジー）であり、加盟店はかつて酒屋、タバコ屋、米屋だったところが多い（新たに小売業を始めた店主もいる）。ただし、本格的に生鮮食品をそろえるＣＶＳは少ない。あったとしても品ぞろえは限定的である。

市街地のなかでも、かろうじて残った青果店、鮮魚店、精肉店、百貨店が食材を提供する場となっているが、市街地ではあまり後継者が育たず、店主の引退とともに閉店する専門小売店が後を絶たない。百貨店ですら撤退、倒産が相次いだ。

そうしているあいだに、駅前や旧市街地は再開発され、ホテルチェーン企業の格安ビジネスホテルが数多く建てられ、そしてそれらの出張客が使う飲食店こそ商店街裏に残ったが、買い物客は減少し続けた。

鮮魚店も見られなくなる。地元に暮らし続ける高齢者世帯や、地元の居酒屋や飲食店などの固定客に支えられる鮮魚店が残る程度である。

二〇〇〇年代に入って、駅前はまた変わる。都市部を中心に旧市街地住民が増えるという傾向が各地で見られるようになった。駅前など旧市街地の再開発地区に、高層マンションが立ち並んだからだ。

しかし、商店街の買い物客が増えたかと言えばそうではない。大都市圏においては、再開発された駅なか、あるいは駅直結商業ビルがショッピングセンターになっており、スーパーマーケットや各種の小売店舗や飲食店がテナントショップとして入っている。地方都市においても同様の現象が起こっており、市街地のリニューアルがどんどん進んでいる。

その地区には昔ながらの鮮魚店の姿は、ほとんど見られない。生産者から見れば頼りにできるのは、残っている鮮魚店、テナントショップとしてスーパーマーケットや百貨店などで営業する鮮魚店、そしてスーパーマーケットの鮮魚売場。市街地中心部での魚食拡大は、こうした売場に託すしかない。

輸入水産物が多い鮮魚売場

二〇〇八年度の食育啓発協議会(一社)大日本水産会)の調査によると、子どもをもつ親の七七%が、スーパーマーケット(スーパーマーケットの鮮魚売場五六・四%、スーパーマーケット内の鮮魚店二〇・六%)で魚介類を買うという。

スーパーマーケットといってもいろいろある。大きくわけると、大手チェーンストア系の総合スーパー(GMS：General Merchandise Store。衣類など食品以外の商品も販売している)、地元資本や零細事業者が営むローカルスーパーマーケット(チェーンストア系も含むが、基本的には食品を中心としたスーパーマーケット）になる。

このなかで、シェアが大きいのがGMSである。GMSといっても、商品の回転や稼ぎがよいのは食品売場である。食品売場のなかでも、やはり力を入れなければならないのが生鮮三部門（青果、鮮魚、精肉）である。

鮮魚売場の傾向について話を絞ろう。

まず、輸入水産物の取扱量の増加である。バブル経済が崩壊したあと、円高基調が強まり、デフレ不況が始まった。七〇年代からすでに外国に現地法人を設立して、生産拠点を設けて日本の水産物市場に開発輸入するという体制は始まっていたが、バブル経済が崩壊した九〇年代には、円高を梃子にして一気に拡大した。その受け皿となったのが量販店またはGMSである。

魚種としては八〇年代からあったインドネシア、フィリピンなど東南アジアからの冷凍エビ類（ブラックタイガーなど）、韓国、台湾などからの冷凍マグロ類（メバチ、キハダ類）、ロシアやアラスカからのサケ類（キングサーモン、ベニサケなど）といった〝輸入御三家〟。それに加え、ノルウェー産の大西洋サバのフィーレ商品、養殖アトランティックサーモンや養殖トラウトの切り身、オランダ産やアイルランド産のアジの開き、チリ産のギンザケの切り身、米国産のイワシ（近年は見られない）、ロシア産や北米産の冷凍ズワイガニ、台湾産のウナギ商品、モーリタニア産やモロッコ産のゆでタコ、韓国産や中国産の塩蔵ワカメおよびカットワカメ、コンブ調整品、北米産のスジコなどが定番品として急増した。

それに、二〇〇〇年代に入って中国産、インド産、ベトナム産のブラックタイガーやバナメイ、グリーンランド産やアイスランド産の甘エビ、中国産のウナギやサワラ加工品、韓国産の養殖ヒラメなどが加わった。

八〇年代までの輸入水産物の仕入れは、国産の不足分を補完するためと言われていた。しかし九〇年代以後のそれは、物流業界の発展もあり、大量ロット(大量生産・大量流通)供給が可能になったうえ、円高基調という為替環境が手伝って、仕入れ原価が抑えられたビジネスモデルとなった。価格訴求力を備えた輸入水産物は、スーパーマーケットの棚から国産水産物を押しのける存在となったのであった。

しかも、これらの輸入水産物は、スーパーマーケットの鮮魚売場の定番品となった。ただし、鮮魚売場にあってもそれは、本当の鮮魚ではない。

二〇〇〇年代以後、地中海沿岸国やオーストラリアなどから空輸されてくる養殖クロマグロや養殖ミナミマグロの生鮮品が増えたが、それらを除けば、ほとんどが冷凍水産物であるか、解凍品である。日本で加工された商品もあれば、現地で加工された商品もある。煙を嫌がる消費者のために、現地で焼き魚にして輸入されるものもある。総菜や冷凍食品（例えば、エビフライなど）になっているものもあり、見えないところに輸入水産物は活用されてきた。

こうした安さと安定した供給力のある輸入水産物に対して、価格乱高下する天然国産魚は取り扱いにくい。定番のマアジ、サンマなどの青物類や、マグロ類、そしてマダイやブリなどの養殖魚は季節の彩り（いろど）を出すために販売されているが、その他の天然魚については、とても扱いづらいのでどうしても少なめとなる。

大競争のなかの負のスパイラル

大型化したスーパーマーケットは、他店との競争が激化するなかで、集客力とコスト削減で収益力を発揮しようという傾向にある。そのため、売場に専門職員を配置するのではなく、特売などを謳（うた）ったチラシで客を呼び込み、販促物（販売促進物）を使う戦略が強くなる。

もう一度、前に出てきた図12を見よう。実際、総店舗面積が拡大するとともに、店舗面積あたりの正職員数は大きく減少し、パート職員も横ばいのままである。

つまり、チラシなど広報費用をかけて客を呼び込むかわりに、店内の売場面積あたりの人件費を抑制し、定番品を大量に販売して収益を高めようという傾向が強まったのである。定番品ならば、特別な説明は必要ないからということであろう。

とはいえ、いたみやすい生鮮品の小売には、販売ロス(売れ残り廃棄)のリスクが大きい。販売ロスはダイレクトに損失につながる。その分、仕入れ価格の抑制を大量仕入れによって実現しようとする。仕入れ先は取引相手(量販店)が大口需要者だけに、取引相手の価格交渉を受け入れざるを得ない。

こうして、鮮魚売場の分野でも、量販店は優越的な地位を武器に流通の主導権をにぎることができた。しかしながら、このビジネスモデルは決して水産物販売の促進になっているものとはいえなかった。

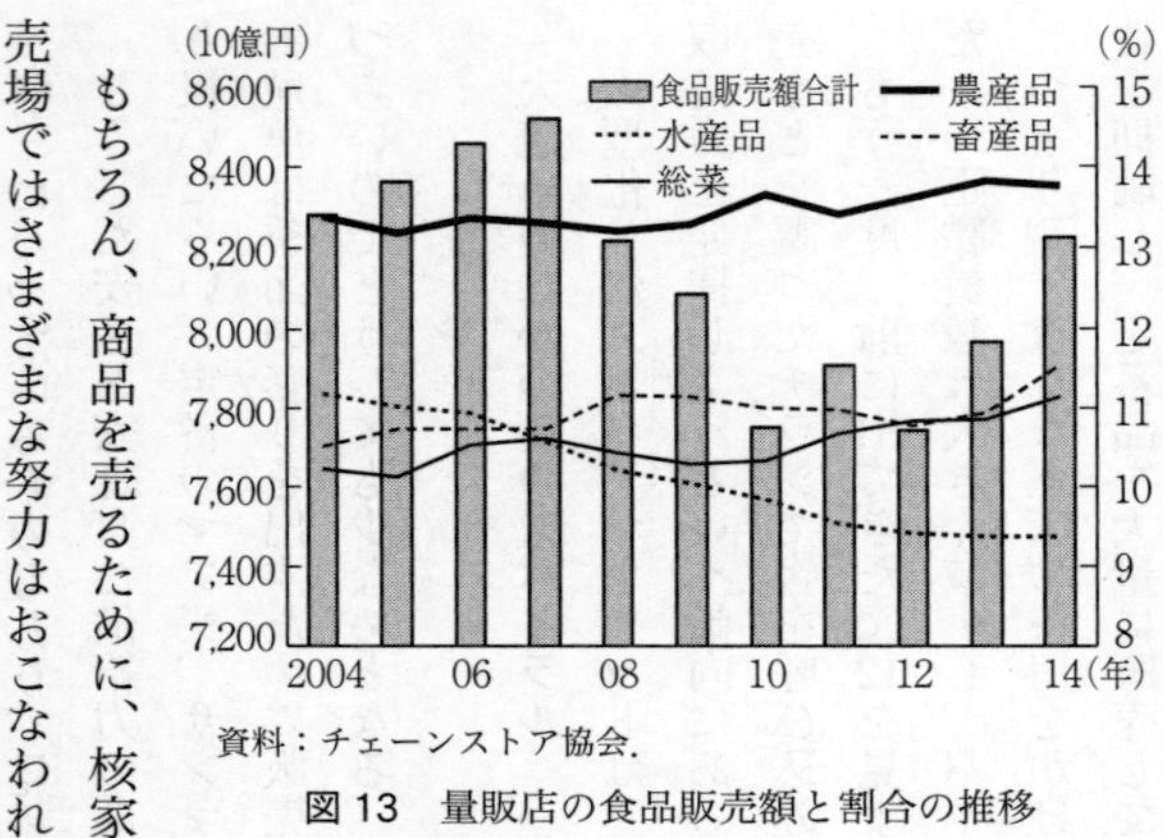

資料：チェーンストア協会.

図 13　量販店の食品販売額と割合の推移

もちろん、商品を売るために、核家族や個食に対応して商品サイズをより小さくするなど、売場ではさまざまな努力はおこなわれてきた。しかし、売れない水産物商品を棚に並べるわけにいかない。そのため、売場の棚には馴染みのある定番の水産物商品しか置かないという方向性が強まってしまい、結果として買い物客は、生き物としての魚を「見る」楽しみ、新たな食材を「探す」楽しみを味わえない。

野菜とは違い、魚は料理の必需品ではなく、嗜好品的性格が強い。また肉や野菜は献立にあわせて買う対象であり、だいたいにおいて生活者は事前に買うものを決める。魚は売場に行ってから、買うかどうかが決められているケースが多い。

つまり、鮮魚売場は、買い物客にとって魚との出会いの場でもある。それを演出できない鮮魚売場、しかも丸魚をほとんど見ることができない、名ばかりの鮮魚売場が、量販店が乱立し、集客競争が激化するなかで日本中に広がってしまった。

図13を見ると、量販店の食品販売額の合計に対する水産品の割合は近年一貫して減少している。カテゴリー別に見れば、割合を落としているのは水産品だけである。

こうして人と魚の出会いを演出できない鮮魚売場の形成は魚離れの原因ともなり、魚離れがより鮮魚売場を劣化させるという負のスパイラルが加速した。

高級食材を見きわめる人たち

九〇年代以後、急速に需要が萎(しぼ)んだ水産物消費部門がある。修業を積んだ板前やシェフによって営まれる料理屋、寿司屋、ホテルの高級レストランである。これらは、富裕者層や接待需要に応えてきた部門であった。高級な料理、寿司を提供するゆえに、いずれも食材調達に妥協しない。

職人が選ぶ素材は、もちろん一級品。彼らの目利きは、半端ではない。素材の相場を引っ張り上げる役割がある。

例えば、高級寿司店の板前は、それぞれの素材を仲卸業者や鮮魚店から仕入れる。どれだけ高くても、目にかなうものなら買う。素材として目にかなわないものなら、安くても買わない。店先まで出かけて仕入れることもあれば、鮮魚店に持ってこさせることもある。後者の場合は、突き返すこともある。

常に最高の状態で、寿司を客に提供することを誇りにしている。それゆえに、魚介類についてよく知っているだけでなく、食べるまでもなく眼力で素材の品質を判断できる。長くて、厳しい板前修業を経て、一人前のにぎり職人になることができる。

和食料理店も同じである。和食料理の板前は、魚介類だけでなく、山菜などその他の食材にも詳しく、さらに料理の幅も広い。板前になるのは簡単ではない。何年ものあいだ下積みをして、厳しい修業に耐えなくてはならない。

板前の世界は徒弟（とてい）制である。親方に対しては絶対服従である。弟子入りし、一人前になるまでに、親方の技術を見よう見まねで覚える。弟子がめざすのは一人前の板前。ゆくゆくは親方の店を継ぐか、独立して店を経営することだ。その夢を実現するために、厳しい修業も耐える。

しかし、昨今、板前をめざす若者が減ってきたという。厳しい修業に耐えることのできる若者が減っているという話もあるが、どうもそれだけではない。魚食や和食に魅了されている若者が減っていることもあろう。それ以上に深刻なのは、高級寿司店なり、料理屋なり、板前になって店をもつという展望が描けなくなっていることだ。

かつて高級寿司店や料理屋は賑わっていた。「接待」が多かったからである。九〇年代以後、その接待が激減した。

とくに公務員倫理規程のなかで禁じられる官官接待、官民接待は、九〇年代後半に問題となり、おこなわれなくなった。

その一方で、デフレ不況のなかで株価は落ち込み、景気は低迷し続けた。そのなかで企業はコスト削減に努めるのだが、民民接待も支出縮減の対象となり、接待自体をなくすか、接待の機会を減らす、または高級店での接待を減じざるを得なくなった。そのことが高級食材を妥協せず仕入れる寿司店や和食料理屋を直撃したのであった。

そして、次の板前の担い手を育てる環境も失われた。板前職人の世界の活力が落ち込むと、魚価にも影響する。

例えば、マグロ商材は、一般的にクロマグロのほうがミナミマグロより高いというような価格序列になっている。それゆえ、クロマグロのなかでも高級な部位が高く売れなければ、クロマグロ全体の価格が落ちていくし、クロマグロの代替商材とされてきたミナミマグロの価格にも影響する。

どの魚も、産地や品質によって価格序列が形成されているが、最高値の魚種や産地のものが安くなると、それを基準に他のものも安くなり、全体の価格平均を下げてしまう。

こうして、日本の水産物の魚価形成力の一角が崩れて、水産物卸売市場や漁業経営の活力も削がれることになった。

さらに、九〇年代以降のデフレ不況のなかで、ギフトやお歳暮など贈答用需要も減った。水産物として大打撃を受けたのがノリであり、それを販売してきた乾物店である。

有明ノリは今でも高級ノリではあるが、贈答用需要の縮小によってノリ全般は著しく価格を落とした。ノリは、CVSのおにぎり需要の拡大が強く影響して生産量を増大したが、贈答用需要が縮小したため、ノリ全体の価格も引き下げたのである。

ちなみに、お茶の世界も、贈答用需要が急激に減る一方でCVSの勢力拡大といっしょにペットボトル向けの飲料水需要が増大し、茶葉価格が低迷した。ノリ業界の状況と同じような現象である。

産地での販売

各地の漁港近隣には水産物産地卸売市場があり、またその周辺に観光施設としての直売センターがつくられていることが多い。なかには、寿司店やレストランも見られる。北海道釧路港、函館漁港、宮城県気仙沼漁港、茨城県大津漁港、静岡県沼津港、神奈川県三崎漁港、鳥取県境（さかい）漁港、沖縄県糸満漁港などである。漁村近郊の観光地においては朝市、青空市を見かけることがある。

例えば、石川県輪島や千葉県勝浦には、観光名所としての朝市がある。工芸品や農産物、そして魚介類が売られている。

このような昔ながらの朝市だけでなく、近年では月に一度あるいは二度だけ漁港で地元の漁業協同組合主催の朝市をやって地元の魚介類を販売しているケースもよく見かける。事前に宣伝をしていることもあり、あっという間に完売するほど客が集まっている。

ほとんど見ることができなくなったが、魚の行商もまだ存在する。例えば、香川県高松市は、海に面した都市であり、今も自転車で魚を販売する行商人「いただきさん」がいる。瀬戸内海で朝に水揚げされた小魚を販売している。

小売りではないが、三重県伊勢で獲られた水産物を、近鉄電車の「鮮魚列車」(行商人のための列車)に乗って大阪で販売する行商人もいる。その多くは、大阪市生野(いくの)区にある鶴橋鮮魚市場に卸している。かつては名古屋方面に向かう「鮮魚列車」もあった。

北海道、北陸、山陰などのカニ産地や近隣の観光地に行けば、「浜ゆで」したカニを食べることができる店がある。塩水で茹でるだけだが、誰でもおいしい茹でガニを提供できるわけではない。茹でるには、それなりに経験が必要である。

神奈川県の相模湾沿岸一帯には、店を構えてシラスを直売している漁民が多い。天日干しのシラスもあるが、当日獲れた生シラスも買うことができ、人気が高い。

宮城県松島、三重県鳥羽、兵庫県赤穂、岡山県日生(ひなせ)、香川県志度、広島市周辺、福岡県糸島など、カキ産地に行けば「カキ小屋」がある。季節限定で、カキを炭火焼きするのはセルフ方式だが、休日には都市部から訪問する客で一杯になる。

このように産地には、産地特産の水産物を売る人たちがまだまだいる。

躍進する直売所

こうしたなかで、昨今は地産地消ブームが強くなり、農水産物直売所が躍進している。民間が運営する直売所のほか、農業協同組合(以下、農協)や漁業協同組合(以下、漁協)が直営している直売所もあれば、農協や漁協が出資する会社が運営している直売所もある。漁港区域内や「道の駅」に観光施設として設置され、テナントショップとして、魚屋が入っている直売所もある。

直売所は、もともと売れ残りや規格外の農産物や水産物が売られる傾向にあった。漁閑期には観光客対応のために冷凍品や、域外や輸入水産物が販売されていた。

だが、昨今は土産物屋としてだけでなく、近隣都市住民の買い物の場として活用されている直売所が多い。

世界農林業センサスを見ると、農産物直売所は、二〇〇五年に一万三五三八施設、二〇一〇年に一万六八一六施設と、五年間で二四・二%増加した。農産物直売所では漁協と提携しているところもある。

水産物専門の直売所は漁協が経営しているか、漁協がかかわっているケースが多い。漁業センサスによると、二〇〇八年は二一八の漁協が直売所を所有しており合計二九八施設、二〇一三年は二四七の漁協が所有し、三一一施設が稼働していたようだ。年間利用者数は二〇〇八年の一二四七万人に対して、二〇一三年が一三五八万人と、五年間で八・九％増加している。

農水産物直売所ブームは二〇〇〇年頃から始まっていたが、どうやら現在も止まってはいない。

農水産物直売所のあり方や雰囲気はさまざまである。ひとくくりにはできない。しかも、伝統的な青空市のように、鮮魚や伝統的加工品だけでなく、地元産の、しっかりとパッキングされた調理済み加工品や冷凍品なども販売している。

販売方式においてもさまざまで、店舗のなかが市場のようになっていて、それぞれの売場で丸魚を対面販売している直売所や、スーパーマーケットの店舗のように広い売場に、ショーケースが並べられていて、トレーパックされた魚を買い物かごに入れ、レジで代金を支払うという直売所もある。

後者のタイプの直売所は、対面販売が重視されていない。むしろ、スーパーマーケットさながらである。しかし、明らかに違うところがある。客がスーパーマーケットでは出会えない魚を買い求めに来ている点である。

特筆すべきは、生産者が持ち込み、生産者が値段をつけて、値札には自分の名もつけ、売れ残りは生産者が回収するという直売方式が見られるようになったことである。魚を目当てに来ている客が多いのだから、対面販売をしなくても、良質の魚なら売れるということである。魚を持ち込む漁業者と触れあうこともある。

こうした方式で直売所の集客力を備えつつ、生産者の生産意欲を高めることに成功したのは農協が取り組む農産物直売所であった。先進事例としてよく紹介されるのが、群馬県のＪＡ甘楽富岡の直売所『食彩館』である。二〇〇五年に調査で訪問したが、たしかに、直売所が活気づいていた。

ＪＡ甘楽富岡に学んだのかどうかはわからないが、福岡県内に、こうした生産者が値段をつけるタイプの直売所が多い。ＪＡ糸島が運営する『伊都菜彩』、ＪＦ糸島が運営する『志摩の四季』、『福ふくの里』、共同出資会社（ＪＡむなかた、ＪＦ宗像、ＪＦ鐘崎、宗像市商工会、宗像観光協会）である『道の駅　むなかた観光物産直売所』、ＪＦ北九州市脇之浦支所がテナントとして入っている『産地直送市場　海と大地』などである。観光バスも受け入れており、駐車場が広いのも特徴である。

運営主体のあり方はさまざまではあるが、いずれも当地の「産物」で勝負をしている。しかも、より高鮮度なものを買い求める客が訪れるため、午前中に売り切れて午後は棚ががら空きになることもある。

『道の駅　むなかた観光物産直売所』では、漁業者により鮮度維持を意識させ、鮮度感を「超」鮮度と呼んでいる。高価であるが、すぐに売れるようだ。

高級な魚介類を安く買うことができる直売所もある。例えば、兵庫県の但馬漁協（旧香住漁協）の直売所では、足のとれたズワイガニ（マツバガニ）を安く売っている。足さえとれていなければ一パイ一万円ぐらいする。それが二〇〇〇円ぐらいで買えるのだ。いわゆる、アウトレット商品。規格外の野菜を安く売るのと同じである。

北海道の厚岸漁協では、サケ、サンマ、毛ガニ、カキ、ホタテ、アサリ、イクラ、タラコ、コンブなど北海道の海の幸のほとんどを取り扱い、直売所としては群を抜いた利益を出し、好調が続いている。他に負けない水産物の品ぞろえであり、店内販売だけでなく、インターネットを介したギフトや発送の注文も受けていて、産地の強みを生かしている。

直売所には、それぞれに色がある。だから面白い。そこに行けば必ずあるというところではないが、そこに行けば何かがあるという期待をもって客は行く。

行政機関の支援もあって、情報発信も盛んにおこなわれている。ただ、直売所が乱立すると、直売所間の競争が激しくなる。そうなると、集客力が低下しないように、商品の「欠品」のリスク対策として他産地の産品で穴埋めしたり、商品規格にこだわったり、店員対応がマニュアル的になったりと、スーパーマーケットに近づいていく。競争で向上していくことはよいことだが、そこにはパラドックス（逆説）も見え隠れする。

活気ある鮮魚専門店

総合スーパーが苦戦するなかで、各地で善戦している鮮魚専門店やローカルスーパーマーケットがある。

鮮魚専門店の有名どころは、『中島水産』、『北辰水産』、『魚力』、『魚喜』、『吉川水産』、『魚耕』などで、東京や、その周辺を拠点にして都市圏のデパ地下やスーパーマーケットなどに店舗展開している。業界一位、二位の『中島水産』と『北辰水産』は全国に店舗展開している。卸業界との関係も強く、魚専門のプロの「目利き」で勝負しており、量販店とは異なる仕入れや職場環境をつくり、地元消費のニーズを掘り起こしている。水産物流通の川下の要でもある。

この業界のなかでも昨今目立つのは、『角上魚類』（業界三位）である。新潟県を本拠地として甲信越に強い企業だが、徐々に関東圏で店舗を増やし、魚好きの客をひきつけている。一店舗あたりの売上高は業界一位である。

『角上魚類』の競争力を語るのには紙幅が足りないが、店舗の半径五キロメートル以内に四〇万人の人口がいるとして、その一〇%のシェアを得るための企業努力をしているという。店舗の立地場所も、上越方面からの物流経路とあわせて、かなり考えられている。

店のなかは広く、GMSの鮮魚売場の二倍はある。店員も多い。棚には、所狭きなしと魚が並んでいる。産地直送で仕入れる新潟の魚だけでなく、築地市場から仕入れた、さまざまな産地の、鮮度感のある丸魚がひときわ目立つ。魚種も豊富である。

客の注文に応じて魚をおろすスタッフも充実しており、ときおりマグロの解体ショーなどの催しもおこない、それを目当てに店に来る客も少なくない。もちろん、解体するだけではない。解体後、あまり流通しないマグロの頰肉や眼肉の部位などを販売する。集まった客すべてに売ることはできないので、その場でジャンケンによって決めたりする。ゲーム感覚もあるので、子連れの客に人気のあるショーとなっている。

ウェブサイトやダイレクトメールを用いた各店舗の宣伝はもちろんのこと、各店舗から登録した七万人の顧客にメールマガジンが配信されており(一〇万人をめざしているという)、事前にマグロ解体の時間やその日の特売品の値段などが知らされている。

このメールマガジンを使った割引セールもやっていて、訪れた客がメールマガジンを見たとスマートフォンを出せば、対象商品を割引価格で買うことができる。

インターネットが普及した時代にあって、こうした営業活動は珍しいことではないが、機動的かつ柔軟に仕入れをおこないながら「魚好き」に販売促進を図る方法としては、かなり有効な手段になっている。

また、スーパーマーケットのようにPOSデータを使って寿司盛り合わせや加工品などの在庫・仕入れ管理もおこなうなど、緻密な側面もある。とくに年末商材になると、POSデータを使った商品仕入れは重要となる。

魚屋として販売するのは鮮魚、丸魚だけではない。加工品も含めて、魚を食べたいという、いろいろな客層にしっかりと対応しているということである。

魚屋が空洞化したまちが、店舗展開の狙い目である。地元で鮮度のよい魚を手ごろな価格で買えず、困っている魚好きを、広い範囲からひきつける、そうした集客戦略が徹底されている。買う側の気持ちを知り尽くしているような気がする。高級感で勝負している有名鮮魚店とは違った勢いを感じる。

ローカルスーパーの鮮魚部門

一方、独立した鮮魚店ではなく、ローカルスーパーマーケットの鮮魚部門ががんばっているケースもある。例えば、愛知県豊橋市近郊で五店舗を展開する『サンヨネ』である。調査訪問した蒲郡（がまごおり）店は、開店直後からたくさんの客で賑わう。近隣の住民だけでなく、周辺都市部からも買い物客や料理人が来る。名古屋方面から自動車で一時間以上もかけて来店する料理屋の板前もいるという。

客から注文を受ければ、いくらでも付加価値をつける。鮮魚店のように三枚おろしならば無料で加工する。しかしそれだけではない。顧客に応じて、有料でさしみやお造りセットもその場で提供するし、料理人からは電話注文で取り置きし、注文通りの加工をすることもある。スーパーマーケットでありながら、仲卸業者のような役割も果たしている。

棚には一般のスーパーマーケットでは見ることができない底魚(海底で生活する魚)から体長一メートルを超えるカジキまで並べられており、「見る」だけでも楽しい。客が店員を名前で呼び、会話も弾む。決して売場は広くないが、職員が一五人もいる。うち正職員は一一人。開店は一〇時。閉店時間は昔ながらの一九時。開店と同時に込み合う。駐車場も車でいっぱいになる。まるで「道の駅」にある直売所のようだ。

夕ご飯の時間前には閉店する。青果も含めて新鮮さを重要視しているから、ながながと営業しても仕方がない。それゆえ夕方になると、生鮮品の売り棚には空きスペースが出てくる。欠品ではない。売り切れ状態で、棚に隙間が生じるのである。

見慣れないため、売りにくい魚があると、買い物客にそれを食べさせたりして、すすめることもある。魚のおいしさを知ってもらう、もっとも効果的な売り方である。

夕方近くになったら、現場の販売員の判断で残っている鮮魚はどんどん値引きする。

生鮮品の小売は、ロス（廃棄処分）が売場の利益率を左右する。通常、ロスを見込んで損失が出ないように、値入率（原価に対する販売価格を決める率（＝（販売価格－仕入原価）÷販売価格））を考えるが、対面販売の場合、値引きしてでも売り切ろうと努力をするのでロスを見込んだ値入率を考えない。つまり、高い値入率で利益を出そうとせずに、たくさんの魚を売って売場の回転率を上げて利益を確保するやり方である。

夕方になると、その日の目玉商品などは完売して品ぞろえが少なくなる。このとき来る買い物客は、新鮮さを求めて来る午前中の買い物客とは違う。むしろ、安くなったところを狙う買い物客もいるだろう。そうした買い物客に応えることができるのも、対面販売方式である。

改めて言うまでもないが、対面販売はただ人が立っているだけではない。常に買い物客に語りかけて、提案をしている。魚屋的な接客が、そこにはある。

こうした鮮魚売場では、定番品を安く販売するという場ではなく、品ぞろえが日替わりするので、チラシ特売(数日前に特別価格の品があることを宣伝するチラシ)や販促物(特売品をアピールするグッズなど)を使った販売方式を採用しない。

もちろん、スーパーマーケット定番のトレーパックにつめた切り身など、アイランドタイプのショーケースや冷蔵ショーケースのなかに陳列されている生鮮品もあるが、その一方で仕入れてきた丸魚をトロ箱(魚を納める木箱。トロール漁船で使われていた箱からそのような名称になったと言われている)や発泡箱から取り出さず、蓋を開けて棚に並べているものも多い(産地の直売所もそうだが、『角上魚類』など活気ある消費地の鮮魚売場にも共通する風景である)。搬入されてきたばかりに見えるという効果もあろう。いずれにしても、昔ながらの魚屋の風土を醸し出しているといえる。

ともかく、鮮魚売場は「活気」が重要。売る人たちと魚の鮮度のハーモニーで客を楽しませる。

このハーモニーを心地よいものにするためには、仕入れが重要だ。週初め、週中、週末、休日前で客層が変われば、求められる魚も変わる。

産地直送物や養殖物の仕入れは事前に決められることになるが、店の棚を埋めるのは、やはり卸売市場からの仕入れである。『サンヨネ』では鮮魚売場の七〜八割は、卸売市場に行って、魚を見て選んでから仕入れる「当日物」(本章扉写真)。時には高級魚のクエやカジキの丸魚など「変わりダネ」も仕入れ、買い物客を楽しませている。その日その日に来そうな客を想定して、また卸売市場に入荷される魚を見て仕入れて、売場を活気づかせようとするのである。

活気を取り戻す

さて各地には、地域に密着し、売上げを伸ばすローカルスーパーマーケットがある。業界団体の統計を見ると水産物販売額が、たしかに伸びている。首都圏、地方問わず、ＧＭＳが苦しむなか、企業としても店舗としても成長しているようである。

そのなかには、いま述べたように対面販売に力を入れた鮮魚売場をもつローカルスーパーマーケットがある。海辺が近いところでは、地魚を扱うローカルスーパーマーケットや、近隣の沿岸で営まれている定置網業者から地魚を直接仕入れるローカルスーパーマーケットもある。いずれにしても、活気ある鮮魚売場には、いろいろな魚が集まり、買い物客がたくさん集まるから、賑わいがある。

ならば、そうすれば簡単に儲かるのであろうか。じつは、そうではない。値入率が、そもそも一般のスーパーマーケットよりも低く設定されているからだ。しかも、売り切るために値下げもする。

そのやり方は、現場対応であり、「どんぶり勘定」でもある。マニュアル化できるようなものではない。儲かるやり方だとは言い切れない。それでも、鮮度感、活きのよさ、気風のよさ、情の厚さが溢れているから、小まめに買い物をする客と、さまざまな魚が集まる。値入率が低くても、売れる回転が早く、売り切ることができれば利益は出続ける。

一般に加工品が多くなると、在庫もそれなりに確保するので品の仕入れ販売の回転が遅くなる。生鮮品は極力早く売り切るような仕入れ販売が基本となるので回転が早い。とくに鮮魚売場で丸魚の販売スペースが広くなると、鮮魚販売の回転はより早まる。そうなると、卸売市場にもプラスの刺激が与えられ、好循環が生まれる可能性がある。

魚屋が激減した状況下で、都市部の多くのスーパーマーケットの鮮魚売場でこの状況をつくりだせれば、消費地の卸売市場だけでなく産地にも波及するであろう。

イトーヨーカ堂やイオンリテールなどチェーンストア系の量販店のなかにも、産地との直接取引などをして鮮魚売場で対面販売によるイベントをおこなっている店舗もある。量販店も活気を取り戻すのに、さまざまな工夫をしている。

しかし、鮮魚売場に人員を増やして、丸魚の販売スペースを広げるというのは、商品の加工化、小分け化、冷凍化、そして人員削減が進んだ現場において簡単なことではない。魚食そのものが見直されないと無理である。魚職と魚食はやはりセットなのである。

では、魚職人（さかなしょくにん）が集まる卸売市場はどうなっているのだろうか。

第三章　消費地で卸す人たち

卸売市場、真夜中から始まる

卸売市場は、一般の市民には馴染みがない。買い物に出かけるところではないからだ。とはいえ、全国各地の消費圏域内には、生鮮食品を専門にした卸売市場（消費地市場）がある。そのほとんどが公設市場であり、税金によって運営されている。農水産物を集荷して、品ぞろえを充実させて、当該圏域内の小売業者や外食業者に食材を供給し、都市住民の「食」を支える役割があるためだ。

具体的には、図14に示すように、卸売市場内で営業する卸業者（以下、荷受）が産地からの出荷者（以下、荷主）から委託を受けて、仲卸業者（以下、仲卸）または売買参加者（以下、買参者）、つまり買参権（場内取引に参加できる権利）をもつ小売業者、加工業者などに農水産物を売る。このとき、取引を成立させる荷受の担当職員は、「セリ人」と呼ばれている職人である。次に、仲卸または買参者は、市場外から買付に来る買出人、つまり買参権をもたない小売業者や外食業者などに農水産物を売る。こうして卸売市場は、与えられた役割を果たしている。

卸売市場のなかには、関連業者もいる。例えば、食堂事業者や小揚と呼ばれる運送業者である。小場は場内の物流の円滑化に貢献している。

仕事は真夜中から始まる。大型トラックが市場周辺に集まり、真っ暗なあいだにトラックから積み荷が場内のセリ場に運ばれる。場内には人が立ったまま運転する運搬用車両（ターレと呼ばれている）がたくさん走りまわり、荷を運んでいる。

消費地市場
直荷引き
荷主
卸業者（荷受）
仲卸業者（仲卸）
買参者
買出人
開設者職員
関連業者
＝
小売業者・外食業者
消費者
第三者販売
＝
小売業者・加工業者

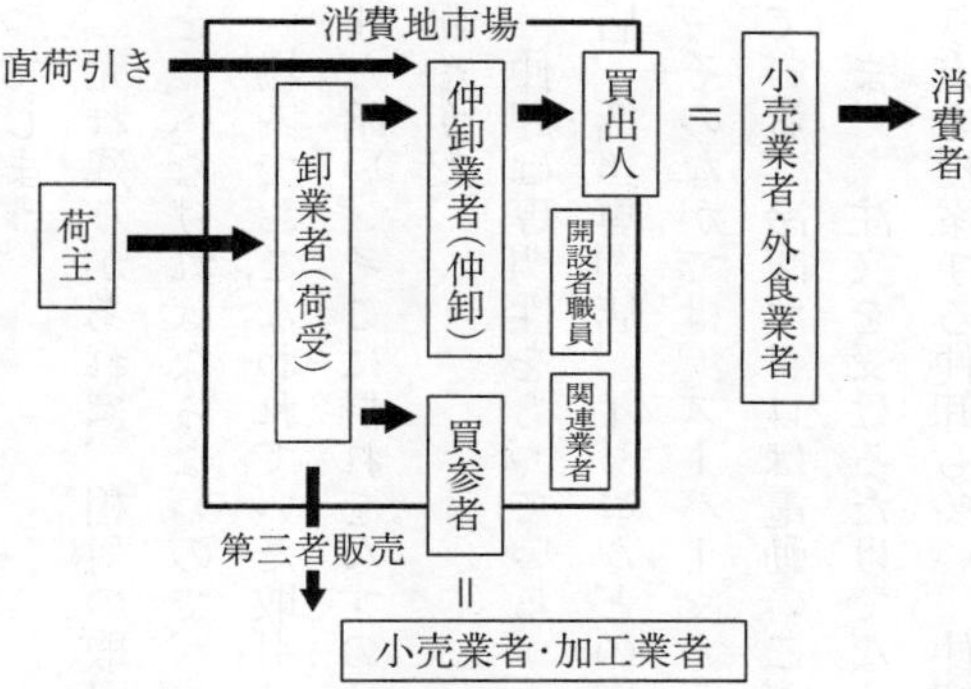

筆者作成.

図 14　消費地市場の構成員とその関係

マグロのような太物は「丸」のまま運ばれるが、ほとんどの魚は発泡箱に入った状態で運ばれ、品目ごとに専用のセリ場に上場（じょうじょう）される。

定時になると、セリのための知らせの鐘が鳴らされ、取引が始まる。荷捌（にさば）き場には独特なかけ声が響きわたる。

札のついた帽子を被った仲卸に対して、セリ行為がなされる。セリ人が大きな声を張り上げ、仲卸の人が手をあげて何かを言っている。何を言っているのかは、素人にはわからない。そうしているあいだに、次々と上場された魚が落札されていき、あっという間に終わってしまう。

売れ残りがあれば、相対の取引が始まる。しかし午前中に開店する小売店の商品陳列棚に魚を並べなければならないので、できるだけ早く販売を終わらせるのが、セリ人の仕事だ。場内でおこなわれていた取引はいつの間にか終了し、仲卸の店には買出人が買付に来ている。まだ暗い。そこに群れをなすのは魚屋、料理屋、スーパーマーケットのバイヤーなどである。賑やかだ。

仲卸は専門性をもっている。マグロ類の専門店、青物、底物、甲殻類、貝類などの鮮魚専門店、活魚専門店、イリコなどの塩干・乾物専門店。

そのなかでは、スーパーマーケットなどの注文に対応して「切る」などの加工もおこなわれている。冷凍マグロは電動のこぎりでロイン(四つ割り)にされる。

また、注文を受けるだけでなく、どのような魚をどのように売ればよいのかなど、鮮魚の売り方を提案する仲卸も多い。仲卸からのきめ細かいサポートを必要とするスーパーマーケットも多い。仲卸による鮮魚売場へのリテールサポートである。

築地市場に行くと、場外にも専門問屋がある。この場外問屋に買付にくる業者も少なくない。たくさんの寿司屋も並び、日中は観光客が行き交う魚のまちになっている。

明るくなってくると、いつのまにか地方から走ってきた大型トラックは消え、場内には発泡スチロールの破片が散っていて、場内の食堂のなかの人影も消えている。

このような光景が日々繰り返されている。

よく見ると、場内には地方公共団体の職員も働いている。卸売市場の開設者は、日々正常に市場が運営されているかどうか、食の安全性は確保されているかどうか、指導監督しなければならないからである。日々の取引の集計などをおこなう実務処理のほか、市場の衛生検査所では、場内に搬入されてくる魚介藻類の検査だけでなく、場内の関係者から衛生面や食の安全性にかかわるさまざまな相談も受けている。

場内では、いろいろな立場の仕事があり、魚と人が出会い、お金が動く。地域経済に与えるインパクトは大きい。

しかしながら、全国各地にある卸売市場を見てみると、活気を失い、人も魚も集まらなくなっているところがある。

卸売市場とは

卸売市場は制度上、中央卸売市場と地方卸売市場がある。

前者は農林水産大臣の許認可、後者は都道府県知事の許認可によって開設される。開設者は、中央卸売市場では地方公共団体であり、地方卸売市場では地方公共団体のほか、民間法人も対象となる。

中央卸売市場を開設する地方公共団体の条件として、人口規模二〇万人以上の市というのがあるので、立地は都市部となり、同時に商圏は広い。

ところで、卸売市場はどのような経緯で生まれてきたのであろうか。時代を遡(さかのぼ)って概観しよう。

まず、政府管理のもとで卸売市場が運営されることになったのは、関東大震災が発生した一九二三(大正一二)年のことである。このときに制定されたのが「中央卸売市場法」である。

中央卸売市場が実際に開設されたのは、昭和に入ってからであった。一九二七(昭和二)年にまず京都市中央卸売市場が開設され、その後、高知市、横浜市、大阪市と続いた。だが、卸売市場の必要性については、明治期から唱えられていたのであった。

それまでの自然発生的な「市」や問屋資本による流通では、増加する大都市の人口を賄いきれないという事情があり、同時に、産地では農漁民が作物や魚を買い叩かれ、都市部では高く売られるという、問屋資本による流通支配が強まっていたからである。

このような状況を受けて、一九一二(大正元)年に農商務省設置の生産調査会が「魚市場法案」を審議している。

ただし、卸売市場設置の機運が本格的に高まったのは、インフレが著しかった第一次世界大戦末期であった。米騒動に表れているように、問屋資本が食料品の買い占め・売り渋りを露骨にし、都市、農村問わず生活者の困窮が社会問題となった。それが政治を動かしたのであろう。

昭和に入り、中央卸売市場が開設され、生鮮食料品の流通は拡大した。第二次世界大戦後もその役割を果たし、各地で開設された。一九七一年、法改正で「卸売市場法」となる。その後も、中央卸売市場と地方卸売市場も、都市の拡張と増え続けていた食糧需要を支える生鮮品流通拠点として開設数が増えていった。

だが、今となっては中央卸売市場を取り巻く環境は厳しく、減退ムードが続いている。

水産物の取扱高は、一九七五年は一兆七四六六億円であり、その後伸び続け、一九九一年にピークに達する。その額は三兆四二〇六億円であった。それがその後、落ち込み続け、二〇一三年は一兆六〇一四億円と半減以下となった。市場と荷受の数は二〇〇二年が五三市場(四六都市)、九二業者だったのが、統廃合や地方卸売市場への転換により二〇一五年四月現在は三五市場(三〇都市)、五七業者となった。

消費地にある地方卸売市場も、同様の状況である。水産物の取扱高は一九九一年の一兆四三七八億円から、二〇一三年には六九六四億円となっている。市場数と荷受数は二〇〇二年が三二一市場、三五六業者、二〇一三年が二六二市場、二九九業者となっている。

卸売市場全体が沈滞しているだけでなく、場内にある荷受も、仲卸の経営も厳しい状態が続いている。そのなかで廃業する荷受もでたが、他市場の荷受との合併や大幅なリストラの敢行で凌いでいる荷受も少なくない。仲卸に至っては、業者数が減っただけでなく廃業寸前の業者も相当数いると言われている。

卸売市場の衰退は、水産物に限ったことではない。青果物の卸売市場も同様の傾向である。ただ、水産物の卸売市場の減退傾向は青果物以上である。前の章までに見た魚食の危機と著しい量販店の勢力拡大、さらには業界内の競合激化の影響にほかならない。

政府は、ほぼ五年ごとに卸売市場整備計画を打ち出すが、第七次基本方針(二〇〇一年)まで卸売市場の拡大方針を続け、中央卸売市場の全国配置を推進してきた。九〇年代の構造不況に入ってからも楽観視していたのである。

しかし二〇〇四年になって第八次基本方針から、一転して縮小再編方針を打ち出した。地方卸売市場への転換や統廃合や閉鎖などという方針である。五三市場を下まわったのも二〇〇五年からであった。

市場の機能

ここで、機能面からの卸売市場を確かめながら実態にせまってみよう。

通常、卸売市場には四つの機能があると言われており、農林水産省では次のように説明している。

①集荷(しゅうか)・分荷(ぶんか)機能(全国各地から多種多様な商品を集荷するとともに、需要者のニーズに応じて、迅速かつ効率的に、必要な品目、量に分荷)

②価格形成機能(需給を反映した迅速かつ公正な評価による透明性の高い価格形成)

③代金決済機能(販売代金の迅速・確実な決済)

④情報受発信機能(需給にかかわる情報を収集し、流通の川上・川下にそれぞれ伝達)

これらの機能の繋がりを具体的にまとめると、次のようになる。

まず荷受が荷主から荷を集荷し、仲卸が買出人に荷を分荷し、そのあいだですばやく相場を形成する。

次に荷受は販売手数料やその他の諸経費を差し引いて、荷主へ販売代金を支払う。この支払いサイト（取引代金の締め日から支払い日までの期間）が短いので、荷主はみずから代金を回収する必要はなく、彼らの経営は保護される。

仲卸に対する買出人（スーパーマーケットの場合）の支払いサイトは長期だが、仲卸は荷受に対して短期の支払いサイトで代金決済をすませる。そのため仲卸は資金力が問われる。

こうした取引を介して荷受は産地へ消費地の情報を、仲卸は荷受から伝えられた産地の情報を買出人に提供する。

たしかに、卸売市場には、毎日、各地からさまざまな魚種が運ばれてきて、セリ人が需給にかかわる情報を収集しながらも「目利き」を働かせ、相場を形成している。それがあるから、買出人は仲卸を通して必要な魚を仕入れることができる。また荷主も、セリ人が頼れる存在だから出荷する。

その基本は、物流（物の受け渡しの流れ）と商流（取引の流れ）が乖離せず一致していることである。この「商物一致の原則」が働いているからこそ、セリ人の「目利き」が重要な役割を果たす。また「目利き」の働くセリ人がいるからこそ、魚の品質・価値と需給情報とあわせて、セリなり、入札なりがおこなわれ、魚価が決まっていく。

物流、商流、情報流（商品取引に関する情報の流れ）が一致していない市場外流通では、これらの機能を集約化することはできない。卸売市場の強さは、ここにある。
しかし同時に、この強みが生かされなければ卸売市場は弱体化する。それが卸売市場の今日の姿である。なぜ、そうなったのか。

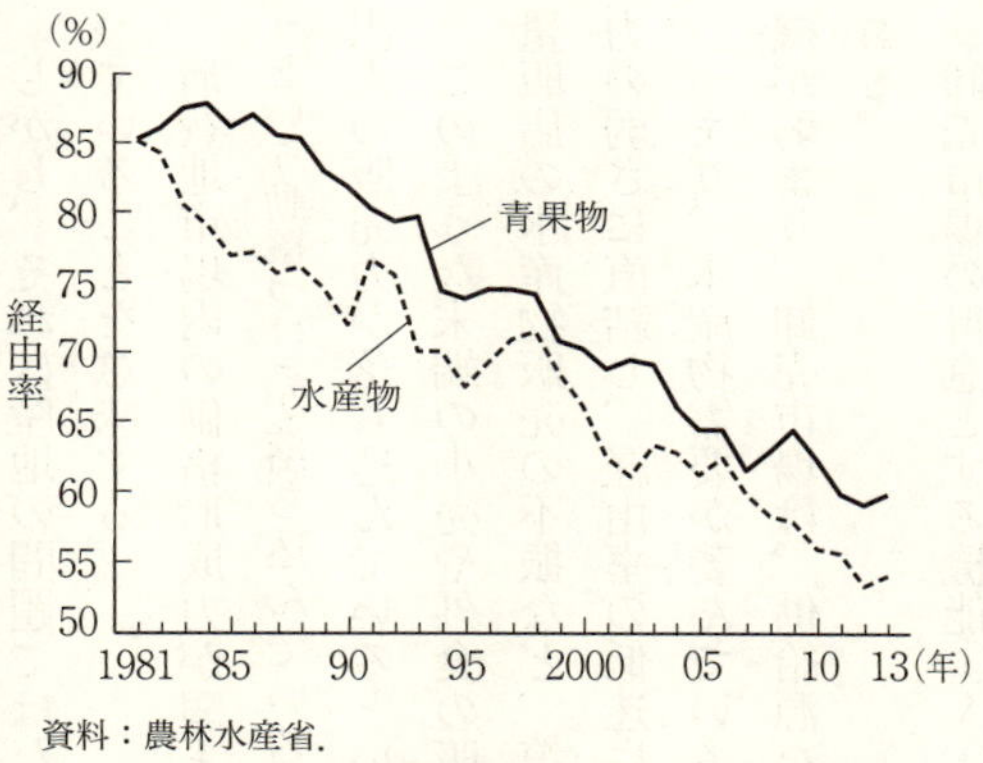

図 15　水産物と青果物の中央卸売市場の経由率

卸売市場内取引の現状

水産物の消費が減少傾向に入っていることは、第1章で触れた通りであるが、そのような状況のなかで卸売市場を経由する水産物も減少し続けている。

ここで、図15を見てみよう。経由率は、青果物も減少しているが、水産物のほうがより落ち込んでいることがわかる。

理由はいくつかある。

まず、産地から水産物を集荷する力が落ち込んでいることである。産地の出荷業者が、かつてのように卸売市場に出荷してくれなくなっている。

しかし、それは産地の問題ではない。同時にそれは、卸売市場において、価格形成力が弱まっていることを意味する。

消費地市場内の価格形成力が弱まっているということは仲卸、買参者の買付意欲(高くても買うという動機づけ)が落ち込んでいるということになる。さらにそれは、買出人の数が減り、買出人の販売力が落ち込んでいるということになる。

このような末端の小売や外食の販売力の低迷については、鮮魚店、料理店、接待需要の激減、量販店の水産物販売の不振など、第2章で見てきたとおりである。これが卸売市場の価格形成力の弱さに直結し、経由率の低迷にもつながった。

つまり、水産物需要が萎(しぼ)んでいると同時に、出荷業者にとって相対的に卸売市場への出荷動機が弱まり、卸売市場は、供給源を市場外に奪われたということになる。この停滞感は深刻である。

卸売市場の得意とする機能①~④が、物流、商流、情報流のイノベーションによって市場外にも備わってきたということになろうか。この点は後で述べたい。

では、卸売市場の取扱はどのような状況になっているのか。

水産物卸売市場では、鮮魚のほか、水産加工品と冷凍水産物も取り扱っている。図16では、

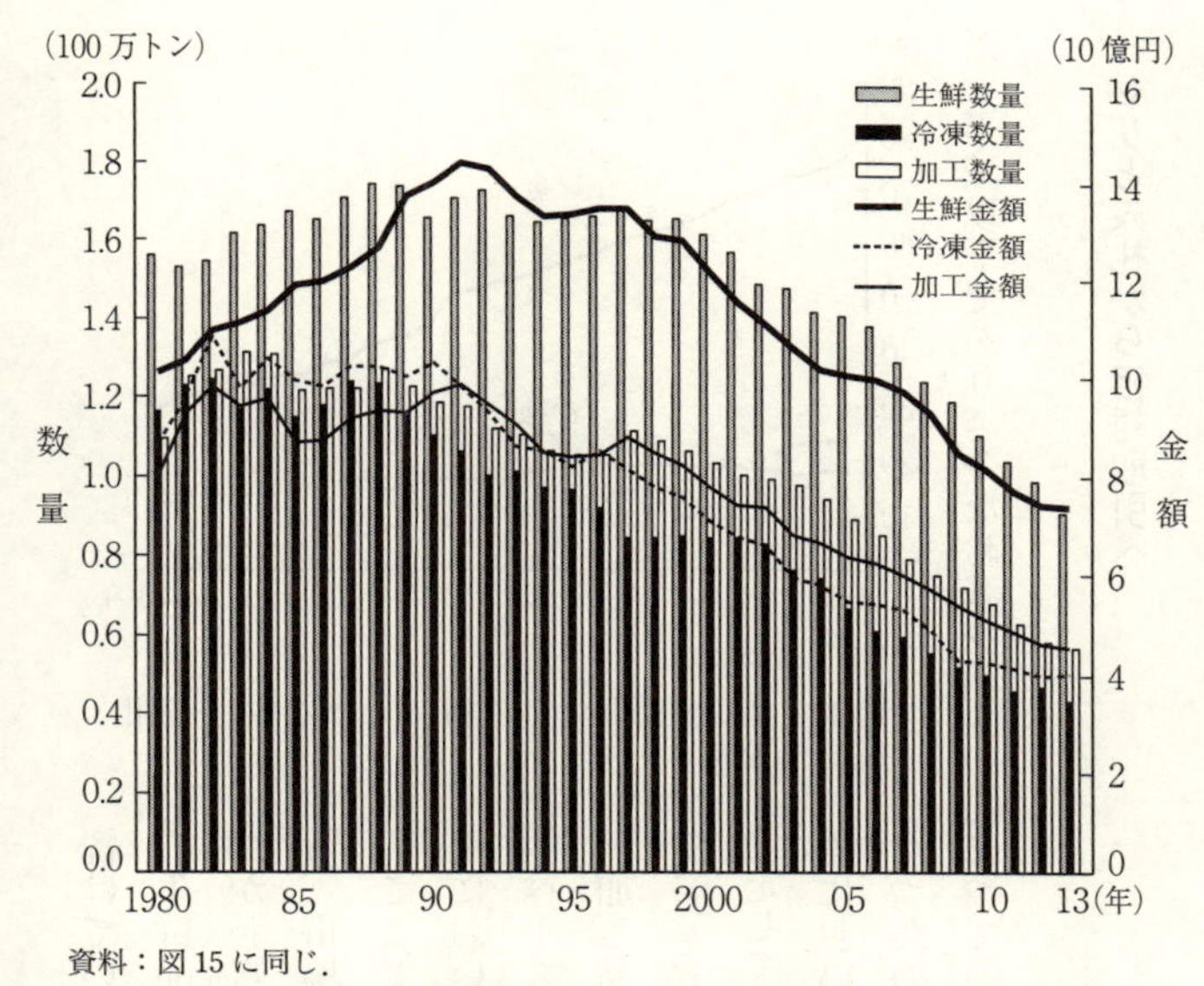

資料：図15に同じ.

図16　中央卸売市場(水産物)における鮮魚，冷凍品，加工品の取扱の推移

その数量と金額の推移を示している。

これによると数量、金額ともに鮮魚が圧倒していることがわかる。保存できる期間が短く、すばやく取引を終わらせるべき鮮魚こそが、卸売市場の機能に依存せざるを得ないからである。

鮮魚の取扱においては、八〇年代後半までは数量、九〇年頃までは金額が伸びていた。そして少なくとも九〇年代後半までは、鮮魚の取扱数量と金額は上下しながらも維持されていた。

しかしながら、二〇〇〇年代以後は、鮮魚の取扱量は一貫して減少し

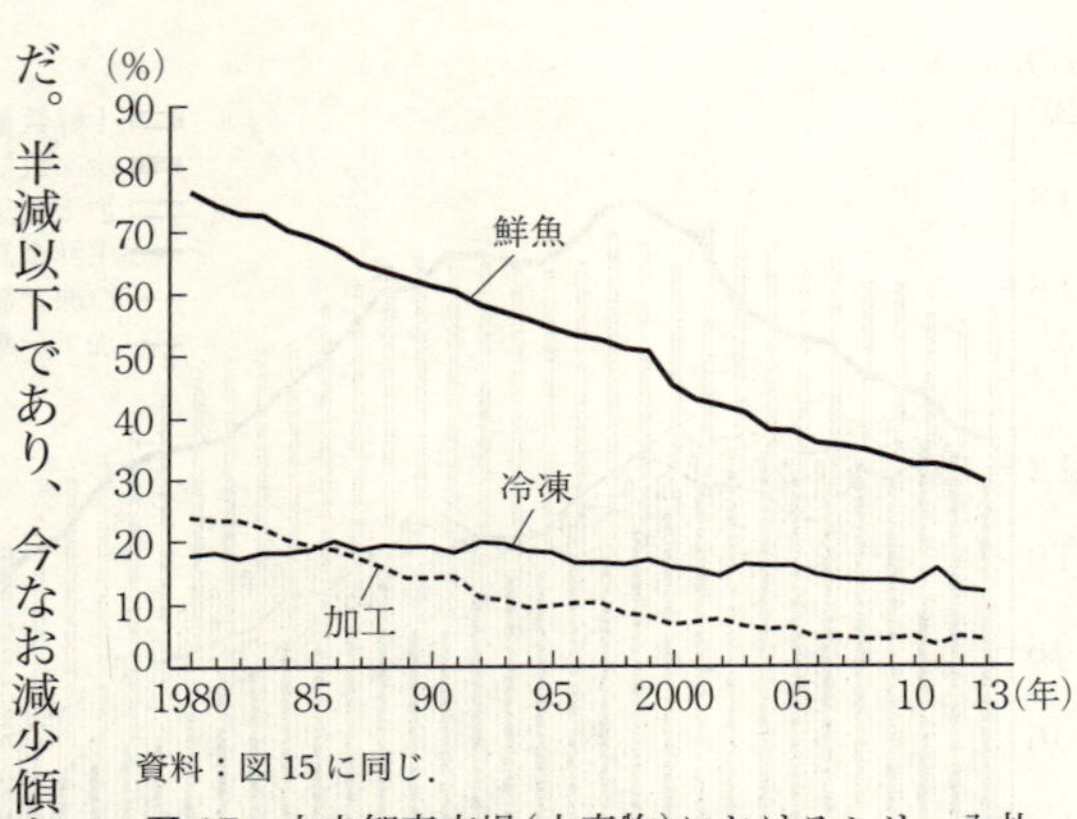

資料：図 15 に同じ.

図 17　中央卸売市場(水産物)におけるセリ・入札の割合(金額ベース)

続けている。

生鮮品の集荷こそが卸売市場の生命線であるにもかかわらず、この機能が生かしきれていない。むしろ、市場外との競争で劣勢に立たされている。

ここで図17を見てみよう。この図は、中央卸売市場においてセリまたは入札でおこなわれた品目の金額ベースの割合を示している。

加工品や冷凍品については以前から低調であった(ただし、冷凍品は冷凍マグロのセリ取引(本章扉写真)が安定していて、全体として下げ止まり状態である)。鮮魚においても減少し続け、一九八〇年に七六・五%だったのが、二〇一三年に二九・五%まで落ち込んだ。半減以下であり、今なお減少傾向が強まっている。

セリと入札から相対取引へ

卸売市場での取引は、透明性の高いセリまたは入札が原則である。しかし、やむを得ない場合には、開設者に承認申請をすることによって「相対取引」（セリ人が個別に仲卸や買参者に直接交渉しておこなう取引）ができる例外規定がある。

やむを得ない場合とは、例えば、災害があったときや、売れ残ったとき、小売業者の開店時間に間に合わないときを指す。また本来は、仲卸や買参者以外の第三者に販売してはならないが、売れ残った場合は第三者への販売もできる。

それゆえ、もし、やむを得ない状況を意図的につくることができれば、原則に縛られることなく、優先販売したい業者や第三者に販売できてしまう。

このことは、原則と照らし合わせると、モラルハザードだが、できないことはない。現場には荷受間の競争があり、油断すると取引先を奪われる。また大口の取引先（第三者、有力仲卸、有力買参者）からの注文が多くなればなるほど、これを使う動機も強まる。

そして、まずは、在庫調整できる冷凍品や加工品において例外規定の運用が始まり、そのうち、鮮魚においても始まって、卸売市場のセリまたは入札の取引割合が急減したのである。

こうして、いつしか全量上場、全量セリまたは入札取引、商物一致という大原則と運用実態が大きく乖離していった。

しかも、この現状を追認するかたちで一九九九年に「卸売市場法」が改正され、取引方法が柔軟に選択できるようになった。その手続きは次のようになっている。

各卸売市場の市場取引委員会において、各品目を、1号品目(セリまたは入札)か、2号品目(一定割合をセリまたは入札)か、3号品目(セリまたは入札と相対取引どちらでもよい)かを定めている。つまり、3号品目にすれば、開設者に承認申請をするまでもなく、すべて相対取引できるというものである。

もちろん、どの品目を1～3号の品目に定めるかは各卸売市場の市場取引委員会の決定に委ねられているので、市場によって状況が異なる。なかには、マグロ類以外はすべて3号品目という市場もある。

しかし一方で、原則にしたがった忠実な取引をしている卸売市場もある。

福岡市中央卸売市場や名古屋市中央卸売市場である。前者は生産者が出荷する産地市場的な役割も果たしているため、おのずとセリまたは入札が基本となる。だが、後者はそうではない。にもかかわらず、金額ベースで七～八割がセリまたは入札で取引されており、三割を切っている全体の平均を大きく上回っている。仲卸サイドが、市場取引の例外規定を安易に発動させないようにしているからである。

ただ、こうした消費地市場は少なく、多くは相対取引の割合が高い。

このように、セリまたは入札がおこなわれなくなるなかで、さらに集荷力を失っていることを表すデータがある。

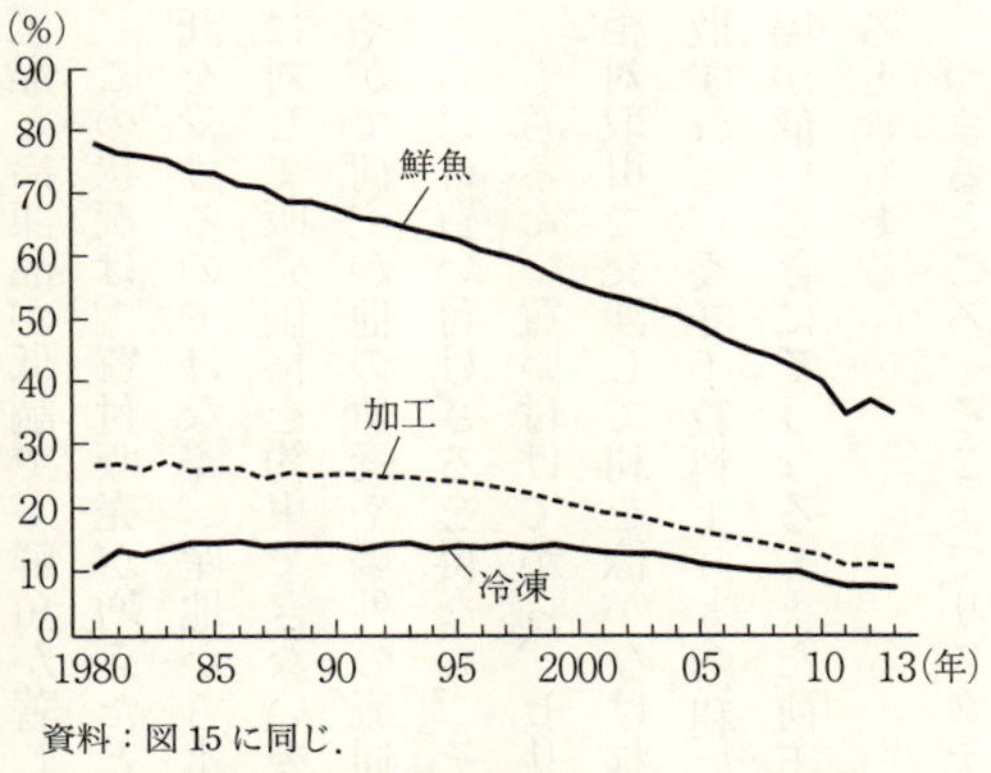

資料：図15に同じ．

図18　中央卸売市場(水産物)における委託集荷の割合(金額ベース)

セリ、入札とあわせて卸売市場の基本原則には、「委託集荷」がある。

荷受は、荷主から商品を預かって仲卸や買参者に販売し、販売代金から委託手数料およびその他のコストを差し引いて荷主に入金するという役割を果たす。これを委託集荷という。委託手数料は、現在自由化されたが、定額ではなく定率であり、販売価格に手数料率をかけた金額であるから、荷受もできるだけ高く販売しようという動機が働く。しかるにセリ場で仲卸に競わせて売ってきたのであった。

しかし、委託集荷の割合(委託集荷額/集荷額)を示した図18に見られるように、委託集荷の割合は、加工品と冷凍品が低調で、鮮魚が著しく減少している。

この状況は、買付販売が増えたということを意味している。つまり、荷受は荷主から販売委託を受けるのではなく、産地から水産物を買い付けてから卸すというものである。荷受は荷主に対して販売価格を約束できない委託集荷を続けることで、荷主に損失を出させてしまうと、やがて荷主が他の荷受や場外の流通業者に出荷するようになる。他の荷受に奪われないようにするには買い付けざるを得ない。そのため、委託集荷の割合が下がり続けている。

もちろん、買い付けてから、セリや入札をおこなうと、「逆ざや」になる可能性があるから、相対取引で交渉して利を稼がなければならない。しかし、仲卸または買参者への価格交渉に失敗すれば、委託手数料よりも薄利になるどころか、「逆ざや」になる可能性もある。とくに相場が低いときにそうなる。また荷主に損をさせないために、あえて「逆ざや」覚悟で買い付けるときもある。

つまるところ、そこまでリスクテイクをしないと荷が集まらない、ということである。このような状況に、なぜなったのであろうか。

集荷機能の弱体化

一九九〇年代中頃までは、産地の出荷者も卸売市場を頼みとしていた。しかし、その後の長引く不況のなかで、大型店舗が拡大し、卸売市場の供給先だった鮮魚店や、料理店など自営業型の外食産業が縮小再編を続けた。一方で量販店主導による価格形成力が高まったことで、卸売市場の「目利き」を生かした相場形成機能が衰弱してしまった。

それと同時に、相対的に市場外の相場形成力が強まったとも言えよう。

産地から水産物を出荷する荷主の立場からすれば、少しでも利益が出る売り先に出荷したい。しかも、第4章で述べるが産地の出荷業者も再編が進み、業者数が減少している。

通常、資金繰りのことを考えれば産地の出荷業者の出荷先は卸売市場が基本だが、産地再編のなかで勝ち残った、資金力のある出荷業者は、消費地の卸売市場に出荷する必然性はない。支払いサイトが長くても資金繰りに耐えることができるので、量販店などスーパーマーケットに定期的に直販することもできる。

小売業界も、産地を囲い込みたいと考えている。産地の有力出荷業者は、市場か、市場外かと、天秤（てんびん）にかけて出荷を判断するようになるのも当然であろう。

ただし、価格形成は小売主導となる傾向が強い。

実際に、ある量販店のバイヤーに取材したところ、産地の出荷業者と約束した取引価格よりも卸売市場の相場のほうが安ければ、そのときは卸売市場から水産物を仕入れる、という。その意味では、対等なビジネスパートナーになっているとはいえない。

しかし、産地の有力な出荷業者は、量販店との鮮魚の直接販売のほか、水産加工品製造に力を入れたり、外食産業との直接取引を始めたり、輸出向け原料供給をおこなったりして、市場外の販路を開発し、卸売市場への出荷の依存度を低めてきた。

さらに、地産地消ブームのなか、直売所の販売量や、生産者(または漁協)と地元ローカルスーパーマーケットとのタイアップ、地元の学校給食への供給も増えている。

グレードの高い鮮魚は、新たに開発した販路に流通させ、余ったものを卸売市場に出荷するという出荷業者も増えたという。

さまざまな相対取引

出荷業者にとって卸売市場は、かつて頼れるところだった。その位置づけが大きく変わったということになる。

そこで、出荷業者から卸売市場がどう見えているのかという問題に直面する。とくに、卸売市場の強みである、②相場形成機能と、④情報受発信機能にかかわる側面である。

図17で見たように、セリと入札をあわせても、その割合が三割を切っている。つまり七割は相対取引である。

セリ人は相対取引では「交渉」によって価格を決める。全容はつかめないが、この交渉はかなり試行錯誤のようである。

一例をあげよう。セリ人は、産地の出荷業者と連絡を取りあって、日々、全国各地の漁港から水揚げされ、市場に上場される予定の魚種と数量の情報を得ると同時に、欲しい魚種と販売できる価格を伝える。もちろん、出荷業者から希望価格も聞く。各産地とこのやりとりをする一方で、仲卸や買参者から欲しい魚の注文を受ける。

相対取引といっても、注文の取り方や価格の決定方法などはさまざまである。取扱魚種による慣習の違いもあれば、セリ人による違いも多い。

少量ロットの荷や少量の注文であっても、産地の出荷業者の希望価格と仲卸のニーズをその場その場でうまくつなげて取引するセリ人もいる。また、産地、魚種、箱数、価格を記したリストを作成して、仲卸や買参者に公平にまわして注文を取るケースもあるし、大口との交渉を優先し、残った荷を小口に交渉して販売するというケースもある。

ある意味、場内の取引はセリ人の独断の場。分野ごとに専門化しているセリ人が状況に合わせて柔軟に対応している。もめごともあるが、日々の取引を円滑におこなえるかどうかはセリ人しだいになっている。

ともあれ、昨今の末端の流通事情に従わざるを得ないので、産地から荷が到着してセリ場に上場されたときには、多くの荷は販売先が決まっている。その荷はすぐに、セリ場から卸先に向かう。

このように荷が届く前に取引先が決まってしまう場合でも、卸売市場の原則である商物一致には従っている。しかし、事前に価格も取引先もが決まってしまうのだから、商流と物流の場所は一致していても、商流と物流が時間的に一致していない。情報流のなかで事前に取引が決まっているということである。

この先取り方式の相対を、ここでは「事前相対」と呼ぶことにする。

事前相対は、卸売市場法の例外規定にある合法的な「予約相対」ではないが、違法でもない。口約束の範囲の取引である。

セリ人は、早く荷を確保したい需要者、とくに大口の需要者のために事前相対をおこなっている。荷が到着して上場されてから、大量の荷をさばくとなると時間を要するし、大口需要者から嫌われる。セリ人は上場されてくる大半の荷の取引を、まずは決めておきたいのだ。

事前相対をしない、あるいは口約束で販売先が決まっていない荷については、セリ人がそこから仲卸に交渉する。仲卸や買参者は、荷を見定めてから商談する。場所も時間も商物一致した相対取引である。

しかし、引き取り手がない荷については、価格を引き下げながらの交渉になる。価格が引き下げられると、出荷業者の手元に残る金額は少なくなり、時には出荷業者が損をするときもあるし、こうした状況が読めるときは、委託販売ではなく、「買付販売」にして出荷業者が損をしない価格で買いとることもある。セリ人は、委託販売と買付販売を使い分けしながら年間通して出荷業者も自分も互いに損がでないように仕事をしている。

このように相対取引は、セリ場に荷が来る前におこなわれたり、買い付けてからおこなわれたりと、さまざまだ。いずれにしても、価格は交渉で決まる。だが、基本的に価格形成力は需給環境の範囲内である。基本的にはセリ人が、総合的に判断できる相場観を備えているはずだからだ。

セリ人と価格

しかし、セリ人の交渉しだいで価格は揺らぐ。

その揺らぎ方は属人的である。セリで価格を決めるとしても、セリ人によって価格を競わせる力量が異なるからである。

ただし、セリという行為はきわめて透明性が高い。それゆえ、セリ人とセリ参加者との関係・間柄をもって価格は基本的に揺らぐことはない。たとえ、取引が少ない小口のセリ参加者であっても、他者より高値をつければ、取引先になるからだ。

ところが、相対取引はそうはいかない。交渉相手との関係・間柄で価格が揺らぐ。大口需要者や得意先と、小口需要者とではおのずと対応の仕方が変わる。つまり、前者に対しては、取引を優先せざるを得なくなる。取引先として前者を維持しておかなければ、取扱数量を落とすことになるからである。

問題は、出荷業者にとっての希望価格を大きく下回ったときである。出荷業者は、取引成立後に、価格は伝えられても、その荷がどのような交渉で、どの仲卸に販売されたかは通常伝えられない。

問題が生じたとき、原因がわからないままだと、誰でもストレスを溜めてしまう。出荷業者は、そのような状況になるだろう。

とはいえ市場取引は、そもそも匿名性の高い取引である。出荷業者にとって不満の価格であっても、売れないよりはよいし、どの仲卸または買参者に売ったかを出荷業者が知ったところで価格に対する出荷業者の不満は解消されない。買付販売ならば、荷受に荷の所有権が移るので、仲卸への販売価格ですら知ることができない。

それだけに、セリ人の力量が問われ、セリ人と出荷業者との信頼関係が重要になってくる。この関係こそが、産地市場と消費地市場を結ぶ流通の要である。

セリ人は荷主から荷を受けとったら、必ず販売しなければならない。出荷業者に送り返してはならない。売れない場合は、第三者や買参者を通してほかの卸売市場に転送してでも売る。それが卸売市場の大原則。相対取引は、大原則を遵守（じゅんしゅ）するための手段である。

ただ、最後の手段であるはずの相対取引が、例外という建て前と乖離して、九六ページの「セリと入札から相対取引へ」で述べたとおり、積極的な手段に転じていて、さらに価格設定が不透明なので、消費地市場は産地（主に生産者）から非難される存在になってしまった。

振り返ると、時代を追ってチェーンストアが小売業界でのシェアを伸ばし、やがて量販店主導の価格形成が強まり、相対取引が増えた。そのこともあって、相対取引という手段が問題視されるようになった。

だが、相対取引悪者説とまで言うのは行き過ぎていると思う。相対取引は、セリ人の交渉しだいで出荷者のニーズと仲卸や買産者のニーズをうまく組み合わせることもできるし、売れ残りが出たときも交渉しだいでギリギリの価格がつく。

もしセリ行為を貫徹した場合、買ってもらえる値段まで引き下げるので一円で取引ということもあり得てしまう。

だがいま、取引の効率化のために、取引ロットが大きくなり、一尾ずつセリにかけるマグロのように細かくロットをわけて価格が決められる魚は少ない。さらに、大口の買い手主導の相対取引が幅を利かせてしまったことで、「相場とは何か」という疑問が改めて投げかけられるようになった。とくに、産地の出荷業者が、卸売市場に対して不満を募らせている。

かつて、卸売市場が成長していた時代は、荷受と仲卸が産地に出向き、じっくりと交流をしていた。日常の業務は、産地と電話のやりとりで事を済ます一方で、交流では、顔をつきあわして、酒を酌み交わして、互いの事情を交換することで、利害関係から出てくる「歪み」を補正してきたのである。そのことで日々のやりとりにも、阿吽(あうん)の呼吸が成立していた。

しかしながら、卸売市場での取扱量が急激に落ちていくなかで、経営的な余裕がなくなり、産地との交流機会が大幅に減った。人の繋がりが希薄になったのである。このことが何を意味しているかは書くまでもないだろう。

卸売市場において、②相場形成、④情報受発信という機能が弱体化している。だから①集荷・分荷機能も弱体化した。③代金決済機能は市場外流通にまだ負けてはいないと思われるが、果たして今後はどうだろうか。

大口の需要者

優越的な地位を使って、無理難題を取引相手に押しつける。このような、中小事業者に対する大企業の優越的な地位の乱用は「独占禁止法」で規制されている。

しかし、中小事業者が法廷に持ち込んで勝訴したところで経営が楽になるわけではない。大口の取引相手を失うだけである。

巨大量販店では、どのような仕入れ先に対しても優越的な地位にある。例えば、価格競争が激しい電気量販店の店舗に入ると、メーカー名が記されたユニホームを着ている店員がいる。多くが大手の家電メーカーである。店員に聞いてみるとメーカーから派遣されているという。つまり、店内の人件費をメーカーにもたせているということだ。メーカー側の立場に立てば、量販店サイドの要望を受け入れなければ、大口の顧客を失うことになり、大きな損失になるため、各メーカーとも、量販店に協力せざるを得ない。

こうした現象は、生鮮食料品分野では見られないが、量販店の交渉力の強さという意味では同じようなものがある。卸売市場内で買参者の権利をもつ量販店が、交渉力の強さを発揮しているのである。

量販店は荷受にとって大口需要者であり、荷受の立場は弱い。荷受は、量販店の希望にあった価格で魚を確実に仕入れなければならない。荷受は相場が希望価格より高くても産地から買い付け、取引しなければならないこともある。量販店は圧倒的なバイイング・パワー（他の購買者より有利な条件で売り手と取引する能力）をもって交渉する。それだけではない。センター・フィー、協賛金、リベートの支払いや、接待を求められたり、中元商戦に巻き込まれたりするケース（量販店から荷受の職員が中元商品のセールスにあう）もある。

センター・フィーとは、量販店の配送センターを利用する場合の利用料のことをいう。量販店の考え方は、仕入れ価格はもともと卸売市場から店舗までの着値価格なので、配送センターを導入することで、卸売市場から配送センターへ、さらに各店舗に配送するまでのコストが量販店側にかかる。そのコストをセンター・フィーとして、卸価格の一部を荷受に支払わせるというものだ。

そういった要望に協力しない荷受は、大口の需要者と取引できなくなる。

各地の卸売市場では、複数の荷受が競合しながら営業している。よく観察すると、その競合関係が明確になっていて、同じ卸売市場のなかには、量販店に対応している荷受と、量販店に対応していない荷受が同居しているケースが多い。もちろん、取扱量は前者のほうが大きい。卸売市場の取引においてセリと入札とをあわせた割合が減少していくなかで、このことが明確になっていった。

しかしながら、荷受の経営はどちらのタイプも厳しいことには変わりない。なぜなら、市場外流通の拡大が著しいからだ。

第2章で述べた通り、小売店舗において、鮮魚の品ぞろえを豊富にするには卸売市場は欠かせない。しかし、量販店を中心に、食べやすさを売りにした付加価値商品か、売れ筋中心のMD(マーチャンダイジング)が支配的になってきた。いわゆる、定量、定質、定価、定時という商品の「仕入れ四定条件」が基本になっている。品質や量がそろっていなくて、価格が安定せず、定時に仕入れることができない商品は取り扱わないというものだ。チラシ特売のときに限らず、商品の欠品も絶対に許されない。

そのような小売戦略の売場の演出は、卸売市場で選んで仕入れる「当日物」によって活気づけようとする鮮魚店と真逆になる。また、仕入れ四定条件を満たす売れ筋商品を仕入れるということならば、品ぞろえが豊富な卸売市場を使う必要はない。むしろ、生産者に近いところから仕入れることが可能ならば、そこから直接仕入れたほうが、中間マージンを省くことができるし、産地直送品と顧客にもアピールできる。

そのうえ、荷受の存在を脅かす、鮮魚流通を担う場外業者が取扱を拡大してきた。

拡大する市場外流通

冷凍品や加工品においては、一九七〇年代から市場取引におけるセリと入札をあわせた割合が減り、買付販売、事前相対が常態化しつつあった。その背景には場外業者の存在がある。もともと、冷凍品、加工品は製品規格化が進んだうえ、七〇年代に入った頃にはコールドチェーンが確立していたことから、場外業者(商社、問屋)でも取り扱うことができるようになっていた。コールドチェーンとは、冷凍冷蔵庫や冷凍保冷車などで構成される冷凍食品を劣化させない物流網のことである。

買付販売、事前相対は、市場外流通の発展に対抗するかたちで、まずは冷凍品や加工品で増加した。冷凍品は冷凍マグロの取引があることからセリと入札の割合は下げ止まりしているが、加工品は下がり続けており、今や五%を割っている(九六ページの図17)。それでも水産物市場全体が成長していたこともあり、水産物の中央卸売市場の経由率(図15)が表しているようにシェアを落としつつも、八〇年代後半までは冷凍品や加工品の取扱量は落ちなかった(図16)。

一方、鮮魚の市場外流通は冷凍品や加工品ほどは発展しなかった。少なくとも、九〇年代中頃までは鮮魚流通の主流は市場流通であった。図16に示されているように、実際に鮮魚の取扱量は二〇〇〇年頃までは激しく落ち込むことはなかった。

だが、その後、鮮魚流通も変わる。各地の産地の出荷業者や生産者団体ともつながり、スーパーマーケットなど小売業界の仕入れ部門をサポートする場外業者が力量を発揮しだしたのである。

例えば、(株)マルイチ産商である。この会社は、一九八八年に開設した民設民営の長野地方卸売市場内に本社を構えている。

長野地方卸売市場が開設される以前は、沿岸部から水産物を仕入れて卸す場外の魚問屋であった。それが今では、総合食品卸として全国展開している。長野県内では場内業者であるが、他地域では場外業者としてのビジネスをおこなっているのである。

有力な場外業者は、産地と消費地をつなぐ幅広いネットワークをもち、供給、需要両サイドの情報を即座に集めることができ、相場を判断する能力、委託販売、買い取り販売、保管・在庫管理、リテールサポートをする能力、そして代金決済機能なども兼ね備えている。また、出荷業者がスーパーマーケットに直販するリスクや、スーパーマーケット側の仕入れのリスクに対応して、商圏を広げていった。

中央卸売市場に鮮魚が集まりにくくなっているのは、こうした業者の出現だけではないが、荷受サイドから見れば手強い競争相手となっている。

もちろん、荷受も、このような市場外流通の動向に対して何もしなかったわけではない。札幌市場や築地市場では、子会社やスーパーマーケットと共同出資をして設立した会社を使って量販店への第三者販売(九六ページ参照)を強化している。また大阪市場では、第三者販売をせず有力な仲卸と連携したり、仙台市場では仲卸を系列化したりして、量販店への対応を図ってきた。

このような荷受のさまざまな取引形態が見られるが、市場外流通の拡大は止まらなかった。市場外流通では、「当日物」のような品ぞろえはできないが、定番品の鮮魚なら卸売市場に頼らなくても事足りるからである。

鮮魚に関する市場外流通の実態は、調査研究があまり進んでおらず、明確にされていない。だが出荷業者がスーパーマーケットの望む規格の品ぞろえができるようになり、また物流、商流、情報流のイノベーションが進み、卸売市場の機能が市場外でも担えるようになってきたと言える。

倉庫業や運送業などの物流業界においては、商品の保管、管理、加工、ピッキング(商品仕分け)、配送などを請け負う物流ビジネス(3PL:third-party logistics)が著しく発展したことも影響していよう。

もちろん、市場外流通の発展は、ライバルに先を抜かれる前に産地の出荷業者を囲い込みたいスーパーマーケットの競争がもたらしたものでもある。

すべての鮮魚が、このような市場外流通に乗ることはあり得ないと思われる。しかし、出荷業者と小売業界の利害一致を図るビジネスが、市場外流通のなかで拡大してきたことはたしかである。

冷凍品、加工品に追従して鮮魚でも買付販売、事前相対が増加していることも、市場外流通の発展を裏づけている。

進む荷受業界の再編

じつは、市場外流通が拡大している背後で、卸売市場間の支配関係や荷受再編の動きが進んでいた。

関東圏においては、築地市場(東京都中央卸売市場)と他市場との格差が広がり、築地市場の支配力が強まった。

日本最大のマスマーケットを背後にもつ築地市場は、集荷、分荷の両方とも、他市場を圧倒してきた。集荷範囲は日本全国だけでなく世界におよび、集荷、分荷範囲もかなり広い。築地市場を通過した荷は、関東圏エリアにおよばず、買参者や仲卸を通して、東北、北海道にも供給される。日本食ブームが形成されてから、外国に向かうものもある。

関東周辺の各卸売市場の集荷力は、築地市場に比べると弱い。関東圏二番目の規模の横浜市場が、金額ベースで築地市場の約五分の一である。築地市場からの荷の転送に依存している市場が少なくない。

なお、関東圏内では、水産物にかかわらず、あらゆる商品の卸売機能が東京に集中している。神奈川県横浜市は、人口規模においては大阪市や名古屋市をかなり上回っているが、卸売や小売の販売規模は下回る。結局、東京の周辺都市であり、ベッドタウンであり、東京依存の地域経済だからである。築地市場と横浜市場との関係からも、東京一極集中問題を垣間見ることができる。

全国には、その他、北海道、東北、北陸、中京、近畿、九州などの流通圏域があるが、それぞれにおいて、築地市場とまではいかないが、拠点的な大規模卸売市場が存在する。例えば、大阪市中央卸売市場の商圏は近畿圏に収まらず中国方面にまで広がり、仙台市中央卸売市場の商圏も東北一帯に広がっている。

このように各流通圏域の拠点市場が商圏を広げてきた一方で、周辺の中小規模の中央卸売市場、地方卸売市場が劣勢に立たされて、厳しい局面を迎えている。

そのようななかで、各流通圏域の荷受の再編も進んだ。

近畿方面では、荷受業界第二位である大阪市中央卸売市場本場の(株)大水が、二〇〇〇年に神戸海産物(株)、二〇〇一年に京都魚市場(株)、二〇〇五年に(株)明石丸魚の三つの荷受を順々に吸収合併した。

また、同じ市場内で荷受業界第一位である大阪魚市場(株)が、二〇〇六年にマルハ(株)(現マルハニチロ(株))と資本提携してOUGホールディングス(株)を設立し、そしてそこから荷受事業部門を分割し設立した新生大阪魚市場(株)と滋賀県魚市場(株)および和歌山魚類(株)を二〇〇七年に統合して、(株)うおいちを設立した。

神戸市中央卸売市場の神港魚類(株)は二〇〇七年に尼崎水産市場(株)を吸収し、京都市中央卸売市場の大京魚類(株)とともにマルハニチロ(株)のグループ企業となっている。

九州方面では、北九州魚市(株)が佐賀魚(株)を二〇〇六年に吸収合併して九州魚市(株)を設立。さらに熊本魚(株)と鹿児島魚市(株)と合併し、二〇〇九年に九州中央魚市(株)を設立している。

神奈川県内では、横浜市中央卸売市場の横浜魚類(株)が二〇〇八年に川崎市中央卸売市場北市場の川崎魚市場(株)を、二〇一五年に横浜丸魚(株)が川崎丸魚(株)を吸収した。

他方、荷受の対等合併や吸収合併ではなく、対等な関係のネットワークにより連携を進めたケースもある。東北六県の卸売市場の荷受によって運営されている、東北水産流通システム事業協同組合SRSである。

設立は一九九八年。組合員は、仙台市中央卸売市場の仙都魚類(株)、郡山市総合地方卸売市場の(株)郡山水産、地方卸売市場メフレ(岩手県胆沢郡金ケ崎町にある民営市場)のメフレ(株)、山形市公設地方卸売市場の(株)山形丸水および(株)山形丸魚山形支社、弘前水産地方卸売市場の(株)弘前丸魚である。

仙台市中央卸売市場の(株)仙台水産が東北圏内の量販店を中心に取引を広げていった一方で、東北内の荷受はこのようなネットワークでまとまって対抗した。

以上のように卸売市場全体の集荷力の低迷を受けて、集荷力の弱い卸売市場では、拠点市場からの転送に依存するようになり、またそうした状況を反映するかのように、荷受業界において対等合併、吸収合併、企業連携が進んだのである。

卸売市場の内側の変化

市場外流通の発展、取扱量の減少、市場間の競合激化のなかで、荷受業界の再編が進んできた。この間、卸売市場の内側はどのように変わったのであろうか。

荷受とともに、仲卸も減少している。中央卸売市場においては二〇〇二年が三一一九業者だったが、二〇一三年には二〇三六業者になっている。もちろん、減少分に中央卸売市場が地方卸売市場に転換したことで減った数も含まれているが、歯止めがかかっていない状況である。

それに加えて、卸売市場を構成する荷受、仲卸、開設者の関係には一体感がない。

本来、「卸売市場」は、市場取引委員会を通して、卸売市場法に従った健全な運用をしていかなければならない。しかしながら、これまでなし崩し的に例外規定が使われてきたこともあって集荷を担う荷受、分荷を担う仲卸が互いに不満を漏らすことが多くなっている。

出荷物の全量取扱・全量上場、委託販売、セリ・入札、第三者販売の禁止、直荷引き（じかにびき）（仲卸が市場外から仕入れること）の禁止といった原則が、例外規定の多用によってくずれ、市場取引の緊張関係がなくなったためだ。

取扱量がピークに達していた九〇年代初頭までは、それでもよかった。荷受も、仲卸も、十分にやっていけたからである。

しかし、それ以後、量販店の店舗展開が拡大する一方で、第1章で述べたように生活者の魚離れが進み、第2章で触れたように鮮魚販売が低迷し、自営の鮮魚店や外食業者が激減すると、零細な仲卸が廃業していった。同時に荷受は不良債権を抱え、経営が厳しくなり、リストラを敢行するとともに、量販店などの大口需要者への販売依存をより高めざるを得なくなった。

そうなると、市場にもよるが、より第三者販売が増え、実際に卸売市場に送られてくる集荷量よりも少ない荷しか仲卸に回らず、仲卸もそれに対抗して直荷引きをせざるを得なくなる、という悪循環が形成されたのである。

名古屋市中央卸売市場のように、原則が徹底されて、鮮魚の集荷力を保っている市場もあるが、冷凍品や加工品などは市場外に奪われ、全体としては取扱量が減っている。

開設者である自治体は、市場の衛生管理体制を高めるために施設を建て替えたり、廃止・統合を進めたり、地方卸売市場への転換を図ったりと、卸売市場の体制そのものを改革する努力をしている。

築地市場を豊洲に移転しようとしている計画も、改革に伴うリニューアル移転である。しかし、二〇一六年七月に小池百合子東京都知事が誕生し、二〇一六年一一月に決まっていた移転が二〇一七年一月以降に延期されることとなり、波紋が広がっている。移転用地の土壌汚染への対応、移転時期、施設設計など移転計画をめぐって仲卸のあいだで今なお意向が割れている。禍根を残すことのないよう祈るばかりである。

他方で、単に取扱量の減少に歯止めをかけようとするだけでなく、消費者視点からの対策も必要となっているようだ。

例えば、金沢市中央卸売市場や福井市中央卸売市場では、「朝ゼリ」とか、「二番ゼリ」と呼ばれていることが始まっている。通常の業務体制ならば獲れてから食卓に届くまで一日以上はかかるが、朝に水揚げされた水産物を通常の業務が終わった時間帯に上場させ、その日のうちに食卓にあがるような取引をしている。東京都中央卸売市場の大田市場でも、産地市場の荷受である㈱小田原魚市場と連携して同じような「朝獲れ」の実証実験を二〇一三年と二〇一四年に実施するなど、産地との連携を始めている。

また魚離れをくい止めるために、魚食普及活動をおこなう卸売市場が増えた。卸売市場は、一般人が入って魚を買う場ではないが、市民に開放して魚に親しんでもらおうという企画が増えている。そこでは魚の販売や料理教室をおこなっている。例えば、横浜市中央卸売市場本場では魚の販売と料理教室を定期的（月二回）にしている。

ただ本来小売をしてはならない卸売市場で市民相手に魚を売るので、地元の鮮魚店はこうした取り組みに反発している。月二回とはいえ需要が奪われるかたちになっているので、反発が強まるのも当然だ。

ただ、市民が魚に親しみをもち、食する回数が増えれば、小売も再生し、市場の価格も自然と上がり、集荷力の強化に繋がる可能性もある。卸売市場の関係者は、小売業界をしっかりと巻き込んでやっていく必要があろう。

生産者と消費者を結ぶ

卸売市場は、生産者と消費者を結ぶ大事な存在である。たくさんの魚が集まり、魚種ごとに専門のセリ人がいる。卸売市場の取引は職人であるセリ人の決断で決まる。セリや入札を使った取引は激減しているが、それに代わる相対取引でもセリ人の情報収集力と相場観がなければ、卸売市場は成立しない。

セリ人の仕事は、より重要性を増しているといえる。実際に、荷がよく集まるセリ人の頭のなかは、常に仲卸や買参者から受けた注文と、産地の出荷業者から送られてくる荷をどう結びつけるか、で一杯になっている。それがやりがいであり、それが仕事の誇りだからである。

希望を捨てない仲卸は、顧客そしてその先の消費者のために求められる魚を仕入れたい、あるいはおいしい魚を提供したい、と考えている。今後、魚食の行方は、この仲卸と、有力鮮魚店あるいは鮮魚に力を入れるスーパーマーケットにかかっている。

卸売市場は、魚のおいしさを届けるという役割を担ってきた。しかし消費段階において、食の簡便化、簡素化、魚離れ傾向が進むなかで、鮮魚の出番がなくなり、魚のおいしさが忘れ去られている。

かつての魚食を取り戻すのは容易ではないが、本来的な魚のおいしさが消費者に伝わるような流通が形成されない限り、現状の厳しさからは脱却できない。脱却するには、産地との関係、鮮魚売場、料理の場、食べる場との関係強化が必要になってくる。そのためには卸売市場は魚食普及の拠点であるだけでなく、魚食の市場をつくる魚職の拠点でもなければならない。ただ、その魚職が元気であるためには産地が活気づいていることが前提になる。

次の章では、産地の魚職をみてみたい。

第四章
産地でさばく人たち

港町にも市場がある

港町に行くと漁港がある。漁港に行くと、そこには卸売市場がある。いわゆる、産地卸売市場(以下、産地市場)である。

産地市場は、漁村経済の核にもなっている。小さな漁村でも卸売市場がある。農村と異にする側面である。

現在、その多くは「卸売市場法」のもとで運営されている。その嚆矢(こうし)は、明治期から拠点的な大漁港において問屋・仲買と生産者集団とのあいだで運営されていた「魚市場」、小さな漁村部においては零細漁民の集団組織であった漁業組合の共同販売事業であった。

戦後になってから近代的な体裁が整えられたところも多く、なかでも、一定規模以上の市場は一九七一年以後、卸売市場法に基づいて運営されるようになった。卸売市場法が制定される以前から市町村が開設し、管理している公設市場も少なくない。

ここで図19を見よう。産地市場は、卸売市場としての基本的な枠組みは消費地市場と同じである。

しかし、八五ページの図14と比較すると違いがはっきりとわかる。消費地市場では荷主が産地からの出荷業者であるのに対して、産地市場は荷主が漁業者であり、仲卸業者（以下、仲買人）は消費地に鮮魚を送る出荷業者や水産加工業者が中心である。

詳しくは後で述べるが、卸業者である荷受の多くは、漁業協同組合（以下、漁協）や漁業協同組合連合会（以下、漁連）であり、市場の開設者もこれらの団体である場合が多い。

また、消費地市場のように地元の小売業者や外食業者が買参権を持ち、セリや入札に参加していることもあるが、それらの業者は取引相手としては小口であり、取扱総量も多くない。

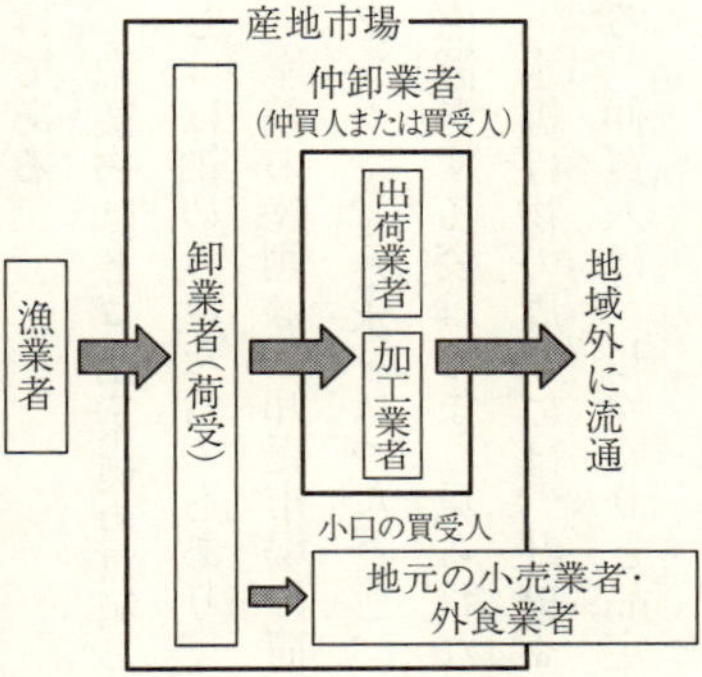

筆者作成.

図 19　産地市場の構成員とその関係

つまり、産地市場は、地元消費のためにあるというよりも、消費地に向けて水産物を供給する拠点であり、仲買人と漁業者との結節点である。

では、産地市場でどのような取引や処理がおこなわれているのか見てみよう。

早朝、漁港を訪問すると、岸壁に漁船が横づけされていて、荷役作業が進められている。いわゆる、水揚げである。

漁獲物はトロ箱（木製の魚箱）に入れられているものもあれば、沖ですでに発泡箱に氷といっしょに納められたものもあり、活魚槽（かつぎょそう）から生け簀（いけす）に移し替えられる活魚もある。

岸壁の陸側は、卸売市場の荷捌き場（にさばきば）になっている。そこに水揚げ物が並べられる。トロ箱、タンク（大きな水をはった容器）、発泡箱ごとである（本章扉写真）。かつてのような、魚を地面に直置きする姿はあまり見られなくなった。衛生面での印象に気をつけているからである。

水揚げ物の周りには、計量する人のほか、「仲買人」と呼ばれている仲卸業者がたくさんいる。仲買人は、じっくりと品定めし、ときおり携帯電話で送り先の業者と連絡を取り合っている。

定時になればセリが開始される。セリ場には、荷受のセリ人の前に、仲買人が群がっている。そのなかには仲買人に付き添って、なにやら指示をしている人もいる。買参権をもっていない業者であり、希望する魚を競り落として欲しいという指示である。掛け声が始まると、次々と競り落とされていく。魚が商品になる瞬間である。

商品になった魚はすぐさまトラックで、落札した仲買人の工場に運ばれていく。そしてそこで荷造りがなされ、トラック便で消費地に搬送される。

にしている。

魚が加工場へ

仲買人のなかには水産加工業者もいる。彼らは魚を開き干しや煮干し、あるいは冷凍魚などにしている。

ところで、千葉県銚子漁港、青森県八戸漁港、北海道釧路港、静岡県焼津漁港、宮城県石巻漁港、鳥取県境漁港などの大漁港では、大型漁船が勇壮な姿を見せてくれる。

例えば、大中型まき網漁船の運搬船である。岸壁に並んで横付けされている。近づいてみると、これら運搬船から大きなタモ網(機械によって操作され、人間が数人入る網)を使って船艙(せんそう)内にある魚が掬(すく)い取られ、トラックの荷台に積み込まれている。

魚は、サバ類、イワシ類、マアジなど多獲性魚(一度に大量漁獲される魚)。トラックの周りでは、仲買人が携帯電話を片手に話しながらトラックに積まれた魚を見る。サンプルの魚を見定めている。そしてセリ人がやってきて、トラックごとの入札が始まる。

入札が終わるとトラックは、そのまま真っすぐトラックスケールという巨大な車両重量計のある場所に向かい、重量が測られる。すでに空重量も測られている。空重量との差が、トラックに積み込まれた魚の重量になる。

トラックは、地元の物流業者のものである。荷台にはシートが敷かれていて、塩水や魚を道路にこぼさないようにしてある。

計量後、トラックは水産加工業者の工場に向かう。その工場には巨大な選別機がある。選別機は、滑り台のようになっていて、その台には上から下に向かって長いローラーが何本も平行に並んでいる。魚を上から台に流し込めば、ローラーの隙間から小さな魚が落ちていく。ローラーの間隔を調整すれば、選別したい魚のサイズを変えることができる。魚は一気に流し込まれた。ローラー選別台では、小さな魚から順に選別され、最後に残ったのは大きな魚である。ここでは、数段階のサイズに選別される。

なかには自動質量選別機を使っている業者もいる。魚を一〇グラム単位で選別できる。サンマを大量仕入れする加工業者には、必須の設備となっている。

選別は機械処理したら終わりかと思ったが、そうではない。魚には混じりがある。例えば、主の漁獲物がサバであってもマアジが混じっていたり、サバのなかにはマサバとゴマサバが混じっていたりする。それゆえ、選別台の下では、作業員が魚種を手で選別している。

魚は、サイズ別に箱詰めされ、中サイズより小さいものは凍結庫に向かい、中サイズのものはフィーレ(三枚おろし)加工のラインに向かい、大きなものは鮮魚用として発泡箱に詰められ、トラックに積み込まれて消費地に向かった。数十トンというサバ類やイワシ類があっという間に選別され、用途別に処理される。

冷蔵庫に保管されている魚の在庫は、缶詰メーカー、フィーレ製品メーカー、魚類養殖産地の餌問屋に売られていく。

こうして、多獲性魚が大量に水揚げされると、選別加工をする水産加工業者がそれら大量の不ぞろいの魚を用途別に仕分け、分荷する。

大漁港の周辺部には、大量生産漁業に対応した集荷・選別・分荷・加工・保管体系が備わっていることから、たくさんの用途別マーケットが創出されてきた。

入港してくる漁船は、地元船もあれば、県外の船もある。停泊する県外船の世話をするのは廻船問屋である。船主からの依頼で入港や市場取引の手続きのほか、漁船に燃料や食料を仕込み、乗組員にくつろぎの場を斡旋することもある。県外の船にとっては欠かせない業者である。

漁港周辺には、以上のような卸売市場の関係者（卸業者や管理者）、仲買人、水産加工業者、冷蔵庫業者、物流業者、廻船問屋のほか、荷役作業を手伝う業者、船用機器のメンテナンスをする業者など、さまざまな業者が集まっている。

産地は、総力。複雑であるが、知れば知るほど納得する。

産地市場とは

漁業センサスによると、水産物卸売市場数（漁業センサスでは「魚市場」と称している）の推移は、図20のようになっている。

魚市場の数は、高度経済成長期から減少傾向であったが、九〇年代からその傾向はさらに強まった。九〇年代までは水揚げ金額が上昇していたが、それ以後、水揚げ金額の減り方が著しく、それへの対応として市場合併や小規模市場の閉鎖が相次いだからだ。

ところで、図20の魚市場は、あくまで生産者が出荷する市場が対象となっており、漁港に隣接していないものも対象となっている。つまり、産地市場だけでなく消費地市場の役割を果たしている卸売市場も含まれている。

では、産地市場はどのくらいあるのだろうか。

二〇一三年の詳細を見ると、中央卸売市場（公設のみ）が三四、地方卸売市場（公設と民設）が四一八、その他が四〇七である。魚市場数を開設者別に見ると、八五九市場のうち、自治体が九七、漁協が六四一、漁連が一一、会社が一〇八、個人が二となっている。漁協や漁連が開設している市場が、全市場の約四分の三ということになる。

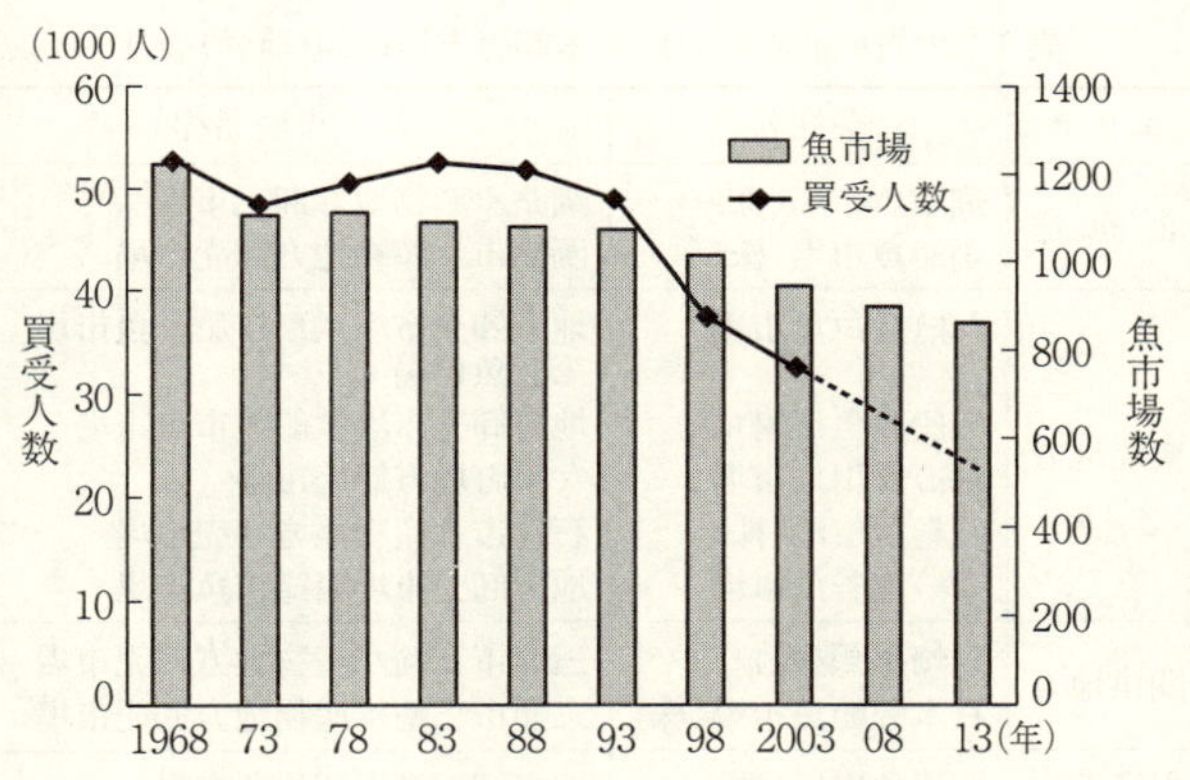

注：「買受人」は仲卸業者のことであり，仲買人とも呼ばれている．
資料：漁業センサス．

図 20　魚市場と買受人の数の推移

産地市場は、主に生産者が出荷する市場、消費地市場は主に小売業者や外食業者が買い出しに行く市場である。両方の役割をもつ市場もあるため、産地市場か、消費地市場かを統計によって明確に分類するのはむずかしいが、先の魚市場数から消費地市場である中央卸売市場を取り除いた数が産地市場と見てよいであろう。

そうなると二〇一三年時においては、その数八二五。時間経過とともに産地市場が減っているとはいえ、消費地市場(農林水産省食料産業局の調べによると、二〇一三年度は中央卸売市場三九、地方卸売市場二六二)の倍以上あり、消費地市場以上に立地が分散していることがわかる。

次に荷受について、である。

小規模な漁港にある産地市場ほど生産者団体で

表１　大規模漁港に立地する卸売市場の卸（荷受）会社

エリア	会社名	卸売市場名称
北海道	釧路魚市場（株） 函館魚市場（株）	釧路水産物地方卸売市場 函館市水産物地方卸売市場
東北地方	（株）八戸魚市場 大船渡魚市場（株） （株）女川魚市場 石巻魚市場（株） （株）塩釜魚市場	地方卸売市場八戸市第一魚市場，第三魚市場 地方卸売市場大船渡市魚市場 女川町地方卸売市場 石巻市水産物地方卸売市場 地方卸売市場塩竈市魚市場
関東地方	三崎魚類（株） 日本鰹鮪魚市場（株）	三浦市三崎水産物地方卸売市場 三浦市三崎水産物地方卸売市場
東海地方	沼津魚市場（株）	地方卸売市場沼津魚市場
中国地方	境港魚市場（株） 下関中央魚市場（株） 下関唐戸魚市場（株）	鳥取県営境港水産物地方卸売市場 下関市地方卸売市場 下関市地方卸売市場
九州地方	（株）唐津魚市場 長崎魚市（株） 西日本魚市（株）	地方卸売市場唐津魚市場 長崎県地方卸売市場長崎魚市場 地方卸売市場松浦魚市場

注：産地市場の機能ももっている福岡などの中央卸売市場や，中小漁港の産地市場を省いている．また筆者が知る範囲であることから，すべてを網羅していない可能性がある．
筆者作成．

ある漁協（または漁連）が担う傾向が強いが、沖合・遠洋漁船が水揚げする大きな漁港の産地市場では、会社法人が荷受を担っているケースが多い。例えば表１に示した会社である。

また中小規模の漁港にある産地市場でも、会社法人が荷受を担っているケースもある。七尾魚市（株）（七尾市公設地方卸売市場）や（株）小田原魚市場（小田原市公認水産地方卸売市場）である。両産地市場とも、定置網からの水揚げが中心である。

なお、会社法人とはいえ、なかには生産者団体の子会社があれば、生産者団体の出資比率が高い組織もある。地元流通業界が出資しているケースもある。

産地市場は漁村で大きな存在

産地市場は、三〇年前と比較して、どこも取扱量、金額が減っている。漁業センサスによると、産地市場の数が減少するなかで、取扱金額五〇〇〇万円未満の市場が二〇〇八年から二〇一三年にかけて約三六％（九一→一二四）も増加している。

日本の漁業生産量（養殖も含む）は一九八四年に一二八二万トン、生産額は一九八二年に二兆九七七二億円とピークに達したが、そこから量、金額ともに大きく減少して、二〇一三年の生産量が、四七九万トン、生産額が一兆四三九六億円になっている。このことから産地市場の状況がいかに厳しいかは想像に難くないであろう。漁業会社も含めて、水産関連企業は人員削減で現状を凌いできた。

厳しい状況のなかでも、生き残りをかけた積極的な対応がある。高まる消費者の安心・安全意識に対応して、荷捌き場に鳥が入ってこないようにする、魚の直置きを禁止するなどの高度衛生管理体制を構築したり、鮮度保持のために滅菌冷海水製造装置(冷海水を製造するとともに雑菌を死滅させる)を荷捌き場に設置したりする産地市場が増えている。

こうした努力を積極的にアピールする産地市場もある。例えば、富山県のＪＦ魚津の密閉構造の荷捌き施設は有名である。

だが、八二五もの場所に産地市場が分散しているのは無駄だと考える人は多い。たしかに、分散したままにするよりも、規模の原理を働かせて小規模市場を集約するほうが取引は活性化すると、ふつうは考えるであろう。

実際、この考えに基づいて、これまで産地市場の統廃合がおこなわれてきたし、統廃合の計画は各地にまだまだある。

しかし一方で、産地市場は地域にとっては簡単になくすことのできない存在でもある。産地市場の開設者は、地方公共団体または漁協、荷受は漁協など生産者団体、会社法人の場合でも出資者構成が地元資本である。そして、産地市場は、魚を商品に変える経済を生んでいる。たとえ、取扱規模が小さくても、産地市場は、漁業や魚の商工業などと一体化した地域の産業拠点であり、地域経済を支える存在であることには変わりないからだ。

小規模でも維持できれば、それでよい。だが、これまで見てきたように水産物の価格形成力は弱まる一方である。そのことで、漁業者が廃業し、荷受（この場合は、漁協）の経営もより厳しくなり、漁協の経営が厳しくなると、人員削減を進めるので漁業者や仲買人に対するサービス力が低下する。

そうなると、市場取引は活性化しなくなり、市場の取扱金額が減り続けるので、施設を新しくする根拠を失う。そして、老朽化して使えない施設が解体、撤去できずに負の財産になってしまっているケースもある。

このような負のスパイラルに落ち込み、近隣にある複数の産地市場と共倒れするぐらいならば、統廃合させて生き残りを図るべきだという発想は自然に出てくる。

実際に九〇年代から、そのような話が各地で出ていた。

しかしながら、集約する市場をめぐって意見が割れたり、地元になければ困るという不満の声（市場は近くにあるほうが時間面、コスト面で優位）が出たりして、意見調整に時間がかかり、統廃合はなかなか進まないのが実態であった。

とはいえ、水揚げが大きく回復しない限り、分散している市場を維持できない。現状では、経済原理に抗えず、産地市場の縮小再編は否応なく続く。どこで再編が止まるかは、萎んでいく魚の消費がどこで止まるか、という問いかけと同じである。

海があって、魚という資源があって、そこに漁民がいて、魚を買う商人もそこにいて、生まれる経済。それを実現するのが産地市場。漁村にあって文化的にも経済的にも、シンボリックな存在。

これは、自然と魚職という生業が重なりあい、歴史を介して形成された「市場」であり、漁民を商業支配から守るための「市場」でもある。それがいま「肥大化したグローバル市場」に飲み込まれ、喘いでいる。

「産地の荷受」の役割

「産地の荷受」は、漁船の船主から漁獲物の委託を受けて販売することと、仲買人のために漁獲物を集めるのが仕事である。漁業者から見れば委託先、仲買人から見れば買付先である。その役割は消費地市場の荷受と同じである。

漁船から出荷されてくる漁獲物は、すべて売り切らなければならない。漁獲量が多ければ、値を安くしても売り切るし、漁獲量が少なければ、高くしても買える仲買人を限定する。

こうして、日々変動する漁獲量に対して適正な価格(相場)を見つけるのが荷受のもっとも重要な役割である。それゆえ、セリや競争入札によって取引をする。これらの取引が、高く売りたい漁業者と安く買いたい仲買人とのあいだで折り合いをつけるための最善策である。

荷受の役割は、それだけではない。

指定仲買人の与信管理(支払い能力の管理)や代金決済もおこなう。また出荷から数日内に、売上金を出荷者に支払う。さらに漁場の情報、漁模様(どんな魚がどれだけ獲れているのか)、入港する船や水揚げ予定を仲買人に伝え、また一方で仲買人の意見を聞き、漁業者に対して日々の市況、求められている魚、鮮度を落とさない方法、選別のやり方や出荷規格を説明し、どうすれば魚価が高くなるかを指導することも荷受の役割である。

荷受は、漁業者と仲買人との関係を円滑にするクッションのような役割を果たすのである。しかし、相場が高いと漁業者には喜ばれるが、仲買人に悪く言われ、逆に相場が低いと仲買人に喜ばれ、漁業者に悪く言われることもあり、客観的に見て楽な仕事ではない。

本来、セリや入札をおこなっている以上、市場取引は恨みっこなしであるはずだが、漁業者サイドは、過剰生産気味になると、カルテル行為とまではいかなくても資源管理や時化を理由に生産調整をすることもあるし、仲買人サイドは価格が高止まりになれば談合とまではいかなくても買付競争を避けるようなふるまいをする。どちらからも、価格形成への「牽制」が発生する。

そのあいだに常に挟まれている荷受は、どちらからも頼りにされ、どちらからも憎まれる存在になってしまうのだ。

漁協など生産者団体の場合でも、荷受の立場は、あくまで中立である。漁業者と仲買人の両者から頼りにされ、かつ憎まれる彼らの仕事ぶりがあってはじめて、獲ってきた魚が商品になり、漁村を支える経済が生まれる。産地市場がなく、こうした文化も経済もない農村と大きな違いである。

あってあたり前の存在になっているがゆえに、本来の役割は忘れられがちである。

荷受と仲買人

だが一方で、九〇年代以後、デフレ不況のなかで魚価が下がり続けてきた。漁業経営が厳しくなるなかで、荷受に対する漁業者からの風あたりが強くなった。たとえ相場といっても、以前の価格形成が実現しないため、漁業者から見れば自分たちに背を向けて仕事をしているように見えるからである。

荷受は、販売手数料が仕事の対価であり、それは販売額に定率を掛けた金額になることから、荷受にとっても高く売れることが儲けになる。その意味では、荷受と漁業者は利害が完全に一致している。しかも荷受は漁協であったり、会社法人でも生産者団体の出資金が入っていたりするので、安く売るというのは漁業者に対して背信行為になる。原理にしたがって考えれば、価格低下を誘導するということはあり得ない。漁業者からすれば、高く売る努力をしていないと見えるだけである。

一方で、仲買人からの風あたりも強い。なぜならば、魚のサイズ、数量、価格など、消費地からの要求が厳しくなってくるなかで、その要求通りに産地市場で仕入れができなくなっているからである。実態としては漁業者が減り、高齢化し、漁船が老朽化しているので生産力を失っているということでもあるのだが、仲買人からは荷受が漁業者指導の努力を怠っているように見えてしまう。

魚の安値を招いている消費や末端流通の状況については、第1章と第2章で述べたとおりである。

消費の状況は、仲買人を通して産地市場に直撃してきた。一三三ページの図20（漁業センサスには二〇〇三年までのデータしかなく、「買受人」と称されている）に示されているように、仲買人の数自体が減少してきた。このことで産地市場での競争買付が弱まり、価格形成力が弱まった。その結果、各産地とも仲買人の取扱規模に格差が生じて、買付ロットが大きい有力仲買人の札入れしだいで価格が決まってしまう状況となっている。

価格形成力を強化するためには、外部の業者を仲買人として誘致して価格競争を活性化させるという方法がある。漁業者、荷受はそれを望むし、それまで仲買人を通して魚を買っていた業者も産地市場で直接仕入れることができれば中間コストを省くことができるので希望する者も少なくない。

しかし、荷受が交渉する団体である仲買人組合からはまず反対される。仲買人どうしは、一定のルールに則って協調しているものの、競争関係にあり、新たに競争相手を増やすと既存の仲買人の仕入れは厳しくなるし、売り先でも競合する可能性があるうえ、市場取引の暗黙のルールが通じず、融通が利かなくなることもあり得るからだ。

そのため、新たに仲買人の参加を認めるケースは多くない。だが、荷受の会社や漁協自体が買付部門や子会社を増設して、セリに参加しているケースが増えた。

中央卸売市場では、荷受の関係組織がセリに参加して買い付ける行為は「卸売市場法」で規制されているが、地方卸売市場では規制されていない。だからといって、価格牽制（けんせい）のためになりふりかまわずこうした行為がおこなわれると、仲買人との関係が悪化する。それゆえ、仲買人組合と慎重に協議がおこなわれてから始められているケースが多く、なかには仲買人の販売先で営業しないなどの条件がつけられている場合がある。

産地市場での価格形成力は、仲買人のあり方しだいである。仲買人は、おおむね鮮魚出荷業者と水産加工業者にわかれる。次にこれらについて見ていこう。

鮮魚出荷業者の役割

鮮魚出荷業者は、産地市場でセリ・入札に参加し、落札した魚を工場に運び、選別、荷造り（箱底に氷を敷いて魚を箱詰）して消費地に出荷する。鮮魚は鮮度が命。仕入れた魚はできる限りすぐに出荷する。ストックがほとんどできないのが、農産物との大きな違いである。

彼らの得意とするところは、水揚げされてくる魚に対して漁況と市況を総合して産地市場における価値をつけることである。それゆえ、鮮度や魚の品質（魚体の色、胃に餌が入っていれば鮮魚に向かないなど）を見分けることができるだけでなく、常に全国各地の水揚げ状況や各消費地の市況も把握していて、情報を蓄積している。

彼らは漁業者からも、消費地からも、魚に対する目利きと価値判断力が問われる。彼らが商人である以上、極力安く買って高く売り、利ざやを稼ごうとする行動原理が働くが、情報社会において市場原理には逆らえない。むしろ判断を誤れば、産地市場で買った価格よりも消費地市場で安く販売されることもある。産地が大漁、消費地が品薄のときは儲けが大きいが、地元が品薄でも他産地で大漁であれば大きな損失がでる可能性がある。

そのような状況が常にあるわけではないが、鮮魚出荷業は「大儲け」と「大損」を繰り返すこともあるギャンブル的要素が強い商業である。

ただし、近年ではギャンブル的な取引になる局面が少なくなっている。第3章で見てきたように消費地市場では相対取引が増え、かつ消費地市場の荷受は荷を集めるために買付の機会を増やしているからだ。品薄時にはたしかに消費地でも値が跳ね上がるが、かつてほどではない。さらに、スーパーマーケットなど小売業者との直接取引をする機会も増やしている。

つまり、鮮魚出荷業界はギャンブル的な局面を意識的に減らし、安定志向を強めている。そのことから、売り値に見合った仕入れにならざるを得なくなっている。

とはいえ、地元市場に注文に見合う魚が都合よく水揚げされるとはかぎらない。地元の産地市場の水揚げ状況が品薄であれば、消費地からの注文に応えるために高値で落札しなければならず、それでも仕入れが不足するのならば、近隣の市場の同業他社の仲買人に外注して魚を買い集めることもある。

このように、「薄利」あるいは「逆ざや」になってでも仕入れを妥協しない。消費地からの注文に応えられないと、その後の販路を失う可能性があるからだ。

鮮魚出荷業者は、損失を蓄積すると資金繰りが悪化して地元市場からの仕入れができなくなり、廃業していく。ちなみに産地の水揚げは、そもそも安定していない。そのなかで、努力を怠らなかった鮮魚出荷業者が生き残ってきた。

産地市場における全国の仲買人の数は二〇〇八年からは漁業センサスにおいてカウントされていないため把握できないが、後に見る水産加工業者の減少傾向をみると、かなりの数の鮮魚出荷業者が廃業しているといえる。

各産地の状況は、よく似ている。鮮魚出荷業者の階層分解が進んでいて、上位の数社とたくさんの零細事業者という状況である。上位の業者は、大ロットの業者。下位の業者は小ロットの業者。基本的には大ロットの業者が有力業者であるのだが、小ロットの業者だからといって競争力がないわけではない。

小ロット事業者のなかには、「目利き」で高品質の魚を高く買い付けて、きれいな荷造りをして消費地に高く販売している業者もいる。

例えば、宮城県気仙沼で生カツオを専門にしている、ある出荷業者。彼は地元がオフシーズンの春、高知県や千葉県の生カツオ水揚げ港にまで出かけて生カツオの仕入れと荷造りの下請けをしている。高鮮度のカツオを仕入れても、荷造り一つで見せ方が大きく変わり、消費地市場の仲卸の評価が変わるから、その腕前が買われているというのだ。

こうした流通もまだ息づいてはいるが、全体を見渡すと鮮魚流通が細ってきたことは、第3章までで触れてきたとおりである。それに地元市場での仕入れは不安定。鮮魚出荷業の厳しさは想像に難くないだろう。

そこで、鮮魚出荷業者は、品不足や仕入れの不安定をさまざまな産地の同業者間のネットワークで対応するが、それにも限界がある。

さらにかつては消費地市場の荷受の担当者が浜を訪れては出荷業者と交流していたが、昨今は来なくなり、なおかつ魚の値段も出荷業者の思うようにつかなくなった。

消費地市場の荷受に支払う手数料は販売金額のだいたい五・五％である(卸売市場によって異なる)が、「運送費」、「小揚費(こあげひ)」(小揚業者への支払い)、そして「情報通信料」なども差し引かれてから代金が振り込まれるので、販売金額の一〇～二〇％が差し引かれてしまう。たくさん出荷している荷受からは時折「出荷奨励金」をもらえることもあるが、ご祝儀的相場の価格は九〇年代までと比較すると低い。ともかく、消費地市場の荷受との関係は寂しくなっている。

それゆえ、有力な鮮魚出荷業者ほど、大量に買い付け、魚をストックし、安定的に販売できる、水産加工事業に力を入れる傾向を強めた。

水産加工の始まりと今

水産加工は、さまざまな形態がある。伝統的な加工品としては、素干し、煮干し、塩干(えんかん)、塩蔵、漬け物、燻製(くんせい)、練り製品、節製品(ふしせいひん)、油脂、缶詰、飼肥料などである。冷凍水産物、レトルト、あるいは水産物を主とした調理済み食品もある。

水産加工品は、漁村の暮らしと密接な関係がある。冷凍・冷蔵庫やガス・電気が普及していなかった時代からあり、陽射し、乾燥した空気、風、煙、火などを利用するだけでなく、塩、醤油、麴(こうじ)、酢、味噌、味醂(みりん)などを使ったりして製造されてきた。

水産加工品は、工夫のたまものである。水産加工業者にとってその製品開発は、仕事の醍醐(だいご)味(み)のひとつであろう。

もともとは、漁村の暮らしの知恵として生まれ、家庭内において魚を保存するための食材だったものが多い。先人は、腐りやすいという特性をもつ魚体から水分を取り除いて腐敗を防いできた。科学の力を借りたのではなく、長い歴史を介してつくりあげてきたのだ。

伝統的な水産加工品を取りあげると、サケの新巻(あらまき)、干し貝柱、イカ塩辛、スルメ、笹かまぼこ、棒鱈(ぼうだら)、干し昆布、干しわかめ、魚卵製品(イクラ、カズノコ、タラコ、トビコ)、いりこ、カレイ類などの一夜干し、佃煮、ムロアジのくさや、サバの文化干し、アジの開き干し、チリメン、しめサバ、カツオ節、カツオのなまり節、海苔、じゃこ天、明太子、さつま揚げ、などきりがない。一般化している水産加工品もあるが、産地の特産的な食文化が商品化していったものも多い。

周知のように、高度経済成長期を介して現代まで食品製造業が発展し、安くて現代人の味覚にマッチする食品が開発され、食品市場に供給されてきた。そして食品添加物が使われるようになった。ただし、現代では食の安全性の観点から食品添加物の使用はかなり控えられるようになっており、使用していない商品も多くなっている。

水産加工品においても同様で、伝統的な水産加工品においても新たな原料や製法が開発された。そのうえ、塩分や旨味成分がほどよく調整された製品が開発されるようになり、市場の創出が図られてきた。

さらに、スーパーマーケットやCVSからの要求により、味付け、原価削減のほか、商品のパッキングや仕様(大きさ、形質)も含めて利便性や簡便性を高めた商品が開発されてきた。例えば、一人前の刺身商品として真空パックされた、しめサバである。

しかしながら、新たな製品が開発される一方で、伝統的な水産加工品の需要は縮小し続けている。たくさんの製品が開発され、第2章で述べたようにスーパーマーケットの鮮魚売場も水産加工品（生鮮切り身加工品なども含む）ばかりになっているものの、水産加工品の需要は萎んでいる。

水産資源と水産加工業

水産加工企業の多くは中小企業であり、全国各地にある。大漁港の背後には団地が造成されて、水産加工業者を含めた水産関連の産業集積地が形成されている。また一方で漁村に伝統的で小規模な水産加工場が散在しているところもあり、必ずしも水産加工企業は一定の場所だけに集積しているわけではない。

ただ、どのような場合でも、地元に水揚げされる水産資源を利用しながら発展してきたということはたしかである。

例えば、静岡県焼津や鹿児島県枕崎および山川（指宿市）は、冷凍カツオを供給する遠洋カツオ一本釣り漁船や海外まき網漁船の水揚げ地でもあるが、カツオ節加工業の産業集積地でもある。かつてカツオ節産地は明治期に広がり、北海道と日本海側を除く全国各地にあったが、まとまった産地としては、この三地区に限られるようになった。

漁船にとって、その年の漁場の位置と産地との距離関係が水揚げ港を選定する要因になるが、原料をまとめて高く買ってくれるのならば、たとえ漁場が遠くても漁船はその港に水揚げする。

焼津、枕崎、山川の三地区にカツオ節加工業が収斂(しゅうれん)したのは、削り節パックなどの高付加価値製品メーカーへの半製品供給対応に特化して、他産地に勝る競争力があったからだと言われている。

とはいえ、時代を経て、加工産地の原料調達のあり方は大きく変貌している。地元市場において加工原料となる魚の水揚げが安定しないと、調達先を地元に限らず、近隣の産地市場に頼り、それでも足りない場合は遠隔地から、あるいは海外からも調達する。

海外原料が定着している例としては、練り製品がある。鹿児島県のさつま揚げ、愛媛県のじゃこ天など地域特産の練り製品でも、その原料には、もともと利用されてきた地魚はあまり使われず、一九六〇年に冷凍すり身技術が確立されて以来、大量かつ安定供給可能な北洋産スケソウダラ(かつては国産で現在は米国産)の冷凍すり身原料が使われるようになった。

こうした加工原料の調達先の変化は、さまざまな産地で見ることができる。

例えば、青森県八戸地区は、冷凍イカの加工産地である。地元で水揚げされる近海産の冷凍スルメイカ、冷凍アカイカ、運搬船で運ばれてくる遠洋の冷凍イカ（アメリカオオアカイカなど）のほか、中国産などの輸入原料も使われている。また、八戸地区はしめサバ加工産地でもある。原魚のマサバは、秋期に漁獲される脂の乗ったものである。地元産原料を使った商品は「八戸前沖サバ」としてブランド商品になっているが、その他の原料として九州産や紀州産、そしてノルウェー産大西洋サバなども使われている。

函館や気仙沼地区では、一次加工された半製品を八戸地区など他産地から買い付け、イカの塩辛など濡れ珍味を製造する業者が集まっている。函館は、八戸に次ぐ数少ない冷凍イカの水揚げ港でもあるが、原料産地としての色合いは弱くなり、最終製品主体の高次加工産地に重点を置いている。

気仙沼地区に至っては地元市場で冷凍イカの水揚げがほぼないにもかかわらず、塩辛産地になっている。この歴史的経過は定かではないが、一説によると、遠洋マグロはえ縄漁船で使う餌として冷凍イカが気仙沼に集荷されていたところから始まったという。

千葉県銚子地区は、塩サバ産地である一方で、八〇年代からは輸入サケをもちいた定塩サケ切り身を製造する業者が増え、九〇年代からはノルウェー産大西洋サバを仕入れて定塩サバフイーレを製造する業者が増えた。地元で水揚げされるマサバが急減したことと、海外でのベニサケ、ギンザケ、あるいは大西洋サバの供給量が増えたことが、この背景にある。

鳥取県境港地区は、漁港後背地に水産加工業者が軒を連ねている一方、カニ加工の産業集積地であり、カニ肉製品の供給地でもある。原料はベニズワイガニである。ズワイガニ（マツバガニ）は姿売り用で高価であることから加工向きにはならないが、ベニズワイガニを漁獲するカニ籠漁船が地元に多く、その水揚げ物が原料になっていた。しかし、生産が拡大すると、原料が不足するようになり、また資源自体も減少し、韓国からは半製品、ロシア、北朝鮮からはベニズワイガニの輸入が増えたという経過がある。現在、ロシア、北朝鮮からの輸入はない。なお、兵庫県香住地区は境港地区に次ぐカニ加工産地であるが、その規模は四分の一である。

山口県下関市の南風泊地区はフグの集荷地となっている。南風泊市場の背後は身欠きフグ加工業者（フグの魚体を解体する有資格の専門業者）の集積地となっていて、市場には国内だけでなく中国や韓国からもトラフグなどのフグ類が運ばれてくる。

秋田県では、ハタハタの飯寿司や漬け物（麴漬け、三五八漬けなど）メーカーが多い。家庭内でハタハタを塩漬けして数ヶ月保存する食文化があったが、それがいま、商品化している。北海道や北陸あるいは山陰からも原料を集荷し、かつては北朝鮮からも輸入していた。

福岡市の辛子明太子加工（原料は北海道産スケソウダラの卵）、静岡県沼津のアジの開き干し（原料は九州産、オランダ産などの輸入アジ）、茨城県那珂湊（なかみなと）の煮ダコ加工（原料は国産もあるが西アフリカ産または中国産）などのように地元の資源に依存していない加工産地もある。

基本的には、もともと地元で水揚げされていた特定の資源と地域の食文化に立脚している加工産地が多い。ただし、原料の仕入れがグローバルになっていて、地元の漁業との関係は薄らいでいる。水産加工業が集積することにより産地の地域経済は発展したにもかかわらず、全般的に見ると、地元漁業との産業連関を強めたとは言い難いのである。

フィッシュミール産業の盛衰

漁獲量の乱高下に翻弄（ほんろう）された産業がある。フィッシュミール産業である。フィッシュミールとは魚粉のことであり、水揚げ後の魚を釜で煮て、その後、圧搾機で脂と水を分離し、乾燥させたもので、飼料や肥料になる。副産物として魚油も製造される。魚油自体も商品になるが、釜の燃料として使われることもある。

現在では、装置産業として近代化されているものの、近世からイワシ類やニシンを魚粕（ぎょかす）（肥料）にしていたことや大正期からは魚油が石けんの原料にも使われてきたことを踏まえると、歴史ある産業と言える。

さて、そのフィッシュミール製造は、水産加工場や魚屋で廃棄される魚あらなど残滓を回収して再利用する静脈産業(じょうみゃくさんぎょう)的性格が強い。静脈産業とは、生産・生活から排出、廃棄される不要物を回収し、再利用、再資源化する産業である。

集中水揚げで溢れた魚を廉価で購入し、ラウンド(丸魚)のまま利用することもある。製造方法を駆使して残滓でも良質な製品を製造することができるが、原料としては水揚げ直後のラウンドにかなわないようである。

一九七〇年代、全国でサバ類が一〇〇万トン(一九七八年には一六二万トン)を超え、そのサバ類が減少すると八〇年代に入ってから、マイワシ資源が増加し、年間四〇〇万トンものマイワシが漁獲される時期(八〇年代中頃)があった。四〇〇万トンを割っている現在の年間総漁獲量(全魚種)と比較すると、かなりの量だったことがわかる。

七〇年代から八〇年代は、果てしなく獲れるサバ類やマイワシ資源を目当てに、大規模漁港の周辺地域にフィッシュミール・プラントが乱立した。そして、大型のまき網漁船や定置網で大量漁獲されるマイワシ資源を当てにしてフィッシュミール産業に参入する事業者が増えた。それが漁業経営者だったりもする。正確な数はわからないが、その数は一〇〇プラント以上であった。

この頃、魚類養殖業の生産拡大期でもあったことから、餌需要に応える形の投資でもあった。

しかしながら、九〇年代に入ってマイワシの資源量は激減する。漁獲量がピークの一〇〇分の一以下の水準となり、マイワシ資源に依存していたフィッシュミール・プラントの廃業が相次ぎ、稼働しているプラントは三分の一程度になっている。

いま、出まわっている多くの魚粉は輸入品である。南米ペルーやチリで漁獲されるアンチョビ(カタクチイワシの一種)を原料にしたものが多い。

水産加工業の内実

高度経済成長期以後、水産加工業の工場数は、次の図21に示されるように減り続けている。水産物需要が増加し続けていた九〇年代も含めて、水産加工業界は縮小再編が進んできたのだ。一般に水産業界の話になると、漁業者数の減少ばかりが報じられるが、付加価値を生産してきた加工分野の担い手も同様の状況なのである。

経済産業省発行の『工業統計』を見ると、二〇〇〇年の水産加工品の総出荷額(従業者四人以上の事業者)は三兆七二三〇億円だったが、二〇一三年には二兆七一一六億円と、一兆円以上も

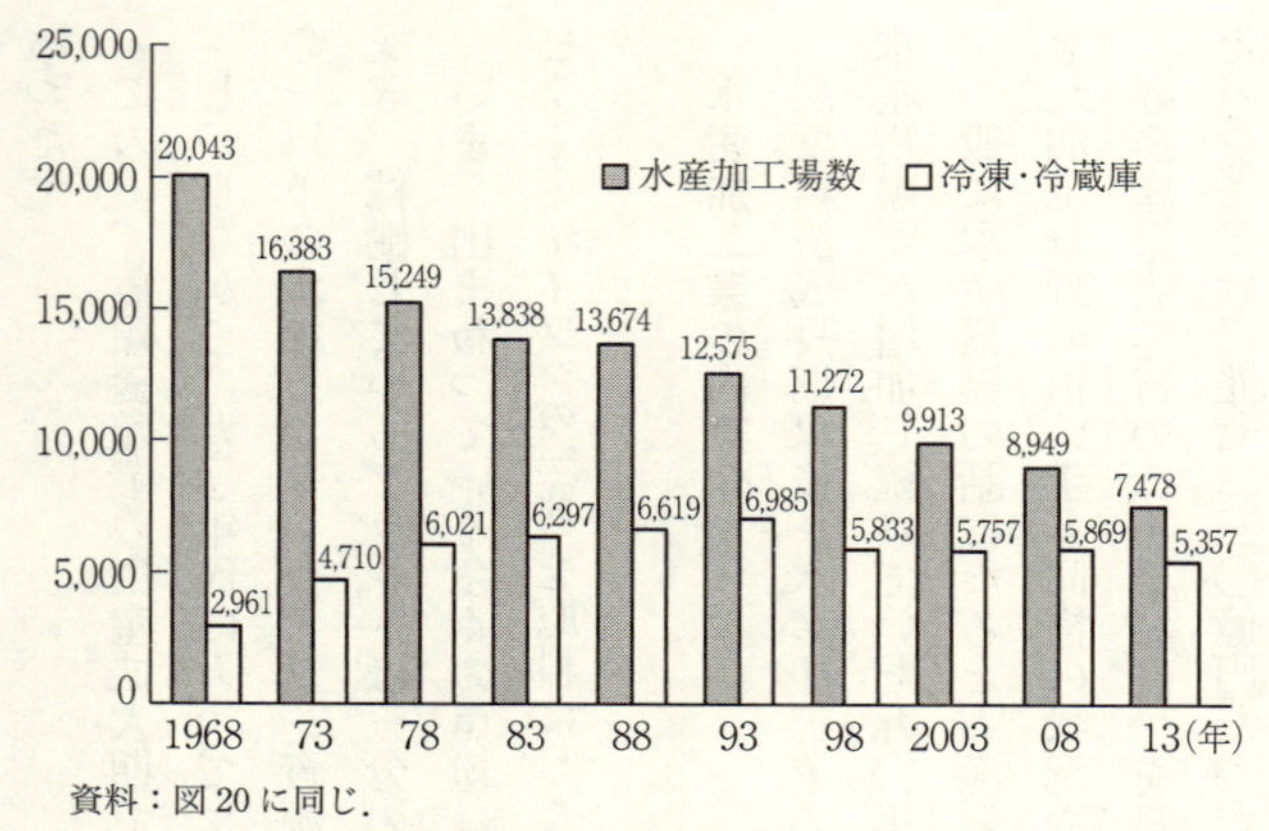

資料：図 20 に同じ．

図 21　水産加工場数と業務用の冷凍・冷蔵庫の数の推移

減っている。

かつては、各産地で、有力加工業者が資金力を武器に産地市場での買い付けや消費地での販売を優位に運んだこともあって、後継者を育てることができず、また競争力をもたない加工業者が廃業していった傾向が強かった。

零細加工業者は、水産物需要の拡大期に台頭した有力加工業者の下請けに徹している場合が多く、有力加工業者の仕事が減ると、同時に彼らの仕事がまわらなくなる。その意味で水産物需要が縮減すると零細加工業者からまず廃業に追いこまれるは、現代の産業構造の宿命である。

しかし、水産加工品の総出荷額が大幅に落ち込むなかでは、有力加工業者ですら、資金繰りが悪化し、廃業を余儀なくされてきた。各地で大型倒産が見受けられた。大手資本が支援して再生する加工業者もあるが、厳しい状況であることに変わりはない。漁業者も含めて業界外の人たちには知られていないが、水産加工業界では、産地間、企業間の競争が熾烈になっている。九〇年代初頭までの「つくれば売れる」という時代とは、環境がまったく異なっている。

ともかく、商品寿命が短い。常に新しい商品を開発していかなければやっていけない。水産加工品とはいえ、食品製造物。水産加工業者は、消費者の反応をうかがいながら調味や形質などの「仕様」を変え、新しい商品を供給し、萎む市場を刺激せざるを得ないのである。例えば、同じメーカーの塩辛でも複数の品目が用意され、品目ごとに調味を変えている。消費者に受ける品目が市場で生き残るが、そのような商品でも別な新しい商品が出て顧客を奪われることがある。メーカーは、ひとつの人気商品だけで安泰はできないようだ。

選別、下処理（ヘッドレス〈頭部を切り落とす〉、ドレス〈腹わたを取り除く〉など）や凍結などといった低次加工のみをおこなう水産加工業者は、そのような商品づくりの競争には巻き込まれてはいないが、スーパーマーケットや業務筋などに直接商品を卸している水産加工業者は大競争の渦中にいて、マーケティング活動をおこない、商品の提案を継続している。

コールドチェーンの拡大

ここで図21をもう一度見ると、水産加工場が閉鎖、廃業し減少した一方で、九〇年代まで冷凍・冷蔵庫が増えている。生魚を原料にした加工が大幅に減り、冷凍原魚を利用した加工が増え、コールドチェーンに乗るチルドあるいは冷凍製品を供給する加工が増えたということがいえる。

翻ると、乾物や煮干しなど伝統的な水産加工品を製造してすぐに卸売市場や問屋に出荷していた時代(プロダクト・アウトが主流だった時代)とは違い、今は顧客をまわって営業をして、そのうえで顧客が要望する仕様や注文に対応して製造・販売する時代(マーケット・インが主流の時代)になっている。顧客に対して欠品などは許されない。それゆえ、安定供給のための在庫調整は、水産加工業者にとってきわめて重要なオペレーションとなっている。

そもそも水産加工品はそれ自体が保存食ではあるが、冷凍・冷蔵庫を使えばより長く保管でき、より高い品質を維持できる。さらに、安定的に製造して供給するためには原料と製品の在庫を確保しておくことが必要になる。

その手段として冷凍・冷蔵庫が欠かせない。冷蔵庫を保有していない場合は、物流業者の冷蔵庫を使って在庫を調整していくほかはない。

しかし、原料在庫、製品在庫を過剰に抱えすぎると経営的な負担が膨れあがる。倉敷料（保管料）の負担が多すぎ、結局、換金のために商品を投げ売りすれば、買い叩かれることになり、大きな損失を被る。また製品在庫を過小にすると、顧客からの急な注文に応えられず、その後の取引に影響する。さらに、原料在庫を過小にしておくと、原料不足時に高い価格で原料を調達しなければならなくなる。

水産加工業には、どうしても原料リスク、在庫リスクがつきまとう。それゆえ、多くの水産加工業者が、水揚げが安定しない地元市場からの仕入れについては価格も安定しないことから消極的になり、安くて安定的に仕入れることができる輸入原料に切り替える傾向を強めざるを得なかったのである。

さらに、二〇〇五年頃から、フィーレ加工や骨抜きなどの手間がかかる加工を中国、タイ、ベトナムの企業に委託する「加工貿易」も盛んになった。外地委託することで、製品コストも下がり、安定した価格で商品を市場に供給できるからである。ただし、それは冷凍原料で品質が維持できる魚種の加工品にかぎられる。

なっている。

食の安心・安全が叫ばれるようになって久しいが、水産加工業者はそれへの対応も欠かせなくなっている。

安心・安全

水産加工場の多くは、異物や細菌が混入しないように徹底した衛生管理がなされている。従業員は清潔な作業服を着て、髪の毛がすべて収まる帽子をかぶり、清潔な靴をはき、工場に入る前に、手を消毒し、エアシャワーや粘着ローラーで作業着についている埃(ほこり)や髪の毛をとる作業をおこなう。工場のなかには、無菌状態を維持しているところもある。

また異物混入を防ぐために、金属探知機や食品用X線異物混入探知機、異物除去装置なども導入されている。高い性能を発揮する装置は、いうまでもなく高価なものである。しかし、昨今の水産加工業界においては、これらの装置を導入しないわけにはいかない。

ソフト面の対策もある。HACCP(危害要因分析重要管理点)である。HACCPとは「食品の製造・加工工程のあらゆる段階で発生するおそれのある微生物汚染等の危害をあらかじめ分析(Hazard Analysis)し、その結果に基づいて、製造工程のどの段階でどのような対策を講じればより安全な製品を得ることができるかという重要管理点(Critical Control Point)を定め、これを連続的に監視することにより製品の安全を確保する衛生管理の手法」(厚生労働省)であり、外部機関の審査により認められなければならないものである。

ＨＡＣＣＰを導入しておくことで、衛生対策がしっかりとおこなわれているという裏づけになり、顧客への印象をよくする。もっとも、衛生基準が設けられているＥＵなどの国に輸出する場合は、必ず必要となる。

政府も、水産物の輸出拡大のためにＨＡＣＣＰの導入を促進している。しかし、導入している水産加工業者は、二〇一三年の漁業センサスによると九・七％に過ぎず、意外と伸び悩んでいる。

たしかに水産加工業者がマーケティングを展開するなかで、安全性への対策が求められる。ただ、国内ではＨＡＣＣＰを導入しているからといって商品価格にプレミアが上乗せされてくるという話は聞こえてこない。企業の差別化の手段にはなるが、導入のための多額の資金を準備しなければならないし、費用対効果がわからない。それゆえ、輸出対策に取り組む企業や経営に余裕のある企業のほかは消極的である。

とはいえ、量販店やスーパーマーケットあるいは外食産業からの安全性への対策の要求は厳しい。新たな投資をせざるを得ないし、安全を担保するためのさまざまな努力や改善が図られている。

例えば、筆者が訪問した香川県のチリメンの加工場では、パッキング前に画像処理技術で異物を発見して自動エアガンで除去する高性能な装置が使われていた。ただ、この工場でどれだけ新技術を導入しても異物混入はゼロにはならないという。それでも異物混入などのクレームが発生するたびに検査機関に調査を委託して、取引先に問題点の発見と改善対策を報告しなければならないのである。

食品の安全性について敏感な消費者が増えている。それゆえ、顧客をつなぎ止めるには、これら衛生や安全対策、クレームにかかるコストを削るわけにはいかない。利益率を落としてでも、販路を確保しておかなければ同業他社に奪われるだけである。

水産加工業界は、こうした重圧がかかるなかで産地を守っている。

働き手不足

水産加工業者は、製品市場(製品の販売)、原料市場(原料の入手)、労働力市場(被雇用者の確保)という三つの市場のなかで同業他社と競争している。産地によって、これらの市場環境は変わるが、どの産地もすべての市場環境が悪化している。

なかでも労働力市場は、これからより厳しくなると想定されている。働き手の確保が年々困難化しているからだ。

もちろん水産加工業界では、人手不足を機械化や自動化により補ってきたが、欧米の水産加工品とは違い、製法が複雑で手間がかかる作業があるため、どうしても人の手が必要となる。

そのため、これまでは外国人研修実習制度を活用して中国やベトナムから研修・実習生を受け入れ、現場では大切な労働力としてきた。しかし、従業員数五〇人以下の工場では一年間の受け入れ可能人数が三名と限られているし、期間は研修一年、実習二年である。労働力不足を部分的に補うことはできても、そこからはベテランを養成できない。

それだけではない。中国から研修・実習生が来なくなっている。中国国内の労賃水準が上昇しているからだ。

また近隣の貿易港から原料を冷凍コンテナで中国に送り、加工後、国内に戻す海外への委託加工方式(加工貿易)が定着していたが、この方式も徐々に減っている。現地の労働力がより労働環境のよいところに流れていき、労賃負担が年々上昇していくため加工賃が高くなっているからである。委託加工先の拠点をベトナムなどに移した企業も多いが、ベトナムも今後どうであろうか。

このように発展途上国においても、働く場所として水産関連産業が敬遠されている。日本だけではない。経済が発展していくと、より労働環境のよい他産業や場所に働き手が奪われていく。

水産物需要が拡大すれば賃金の上昇も見込めるのだが、今はそのような局面ではない。そうしているあいだに、働き手になり得る人までも都市に移動していき、地域経済がさらに縮小するという悪循環が産地を襲っている。

また、鮮魚出荷業者や水産加工業者の廃業が続くなかで産地からのトラックの定期便が減り、定期便がなくなった産地もある。それゆえ、トラックをチャーターできる有力出荷業者以外は自社のトラックで定期便が出る産地にまで荷を運ばなくてはならない。

鮮魚出荷業者からするとトラックの増便を望むところであるが、トラック業界でも人手不足が著しい。鮮魚を運ぶトラックは長距離運転をしなければならず、夜中の移動が多く、苛酷な労働環境のなかでドライバーは働いている。そのことから新たなドライバーが見つからない。

さらに二〇〇三年九月に大型トラックにリミッター規制(時速九〇キロメートル以上出ないようにスピードリミッターを義務づける制度)が施行されてからはトラックの高速走行ができなくなり、走行時間が長くなっている。そして、燃油高騰とその乱高下がトラック業界に追い打ちをかけた。

産地に行くと、軋む音がさまざまなところから聞こえてくる。

産地再生へ

産地には、多様な魚職が集結している。かつて魚の経済が拡大したからに、ほかならない。それらの魚職は、少なくともバブル経済期が終わったころまでは旺盛な水産物需要に応えてきた。同時に産地の機能強化も図られていた。しかし、その後のデフレ不況と水産物需要の低迷が著しくなってからは、集荷機能、加工機能、そして物流機能までもが明らかに弱体化し、これら産地機能の備わった魚職は疎外されつつある。

そのようななか、再起を図る実践が各地でおこなわれている。

例えば、産地の核でもある産地市場に観光施設を増設したり、産地市場が地元の外食や給食あるいは小売業界との繋がりを強めて地産地消経済の拡大を図ったり、都市住民との交流を図るブルー・ツーリズムをおこなったり、である。とくに、欲しい鮮魚をまちで買えなくなった魚好きをひきつけようとする試みが目立つ。

実際に産地に行くと、土日になると産地の直売所に出かけて魚を買うという客と出会う。八〇年代から増える海洋リクリエーションやレジャー産業（マリーナ、釣り、ダイビング、観光ホテルなど）との共存により漁村を活性化させようという展開はあったものの、その後冷え込んだ。そのときのレジャー志向とは違い、改めて漁村や海辺の産地の豊かさを見直すような実践が多い。

また産地の行政も、消費地への特産品の販売促進キャンペーンや広報活動を盛んにおこなうようになった。首長のトップセールスや「ゆるキャラ」（例えば宮城県気仙沼市の海の子ホヤぼーや）を使った販売促進もめずらしくなくなった。産地と消費地をつなぎ、魚食普及の一助になっているのはたしかである。こうした試みは単発では意味がない。継続してほしいものだ。

産地の魅力は、海のある景観であり、そして魚である。その魚が水揚げされなくては産地ではない。産地の生き残りをかけた取り組みはこれからも果てしなく続くが、絶えさせてはならないものがある。魚を獲る人である。これは魚職のすべての根っこである。

次の章では、漁る人たちに迫りたい。

第五章
漁る人たち

沿岸では漁師たちが

二〇年以上前のことである。筆者は、約二ヶ月間、北海道上ノ国町の漁村近郊の大学の施設に泊まり込み、小型定置網(ていちあみ)の一種、底建網(そこたてあみ)(図22)を使った漁の操業を乗船調査したことがある。

定置網漁とは、海に箱型構造の網を固定して、回遊し、網に入ってくる魚を獲る漁法である。なかでも、底建網の漁は、表層近くを回遊する魚を獲る浮き網式の定置網漁とは違い、海底近くを回遊する魚を狙う漁法である。

回遊してくる魚が少ない春漁(はるりょう)だったこともあり、操業は一週間に二〜三回。操業するかどうかは海の状況、魚のとれぐあいしだいで決まる。魚が沿岸にたくさん押し寄せてくる時期は、毎日でも操業する。

夜明け前に、漁港に集合。船頭と乗組員三人が集まる。船頭は港に着く前には、海の状況を把握しているようだ。

「今日はウサギが走っていない」。海に白波が立っていないということである。漁をするには問題ない。薄暗いなか、出港し漁場に向かう。

たしかに、うねりはあるけれど、風はほとんど吹いておらず、潮の流れも強くない。白波が立っていなくても、もし潮流が強かったら危険なので操業はできない。船頭の判断では潮流もないようだ。

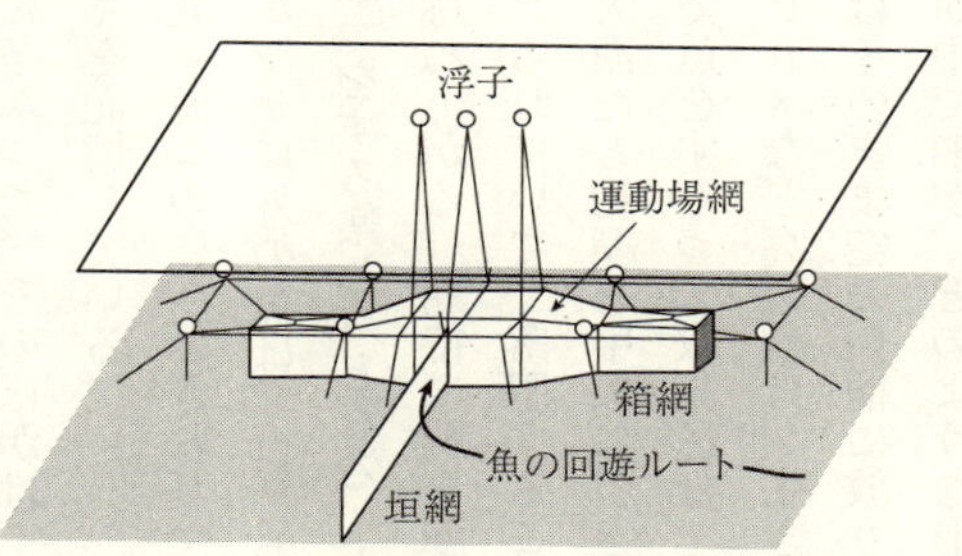

注：垣網に沿って魚が移動し，沖側に移動すると，運動場網に入り，箱網に入る魚もある．操業では浮子を取り込み，それに繋いであるロープを引き上げ，運動場網を吊り上げ，その後，箱網を手繰りよせて，ファスナーを開けて魚を捕獲する．
筆者作成．

図 22　底建網の構造

漁場に到着。浮子(あば)と呼ばれるフロートを船に取り込むと、繋がれたロープを油圧式キャプスタン（巻き上げ機）で巻き上げる。引き上げきると、次のロープが出てきて、またそれを巻き上げる。

それを三回ぐらい繰り返し、ロープをたぐっていくと、定置網の魚捕り部である箱網(はこあみ)にたどり着く。そして箱網を甲板に引き上げて、ファスナーを開き、網のなかに入っている魚を出す。

定置網は混獲漁法だから、さまざまな魚が漁獲される。ただ、ホッケが沿岸に寄ってくる季節だったので、入網している魚はホッケが圧倒的に多かった。そのほかは、アイナメ、カレイ類、ヒラメ、アンコウ、メバル、ソイ類、カワハギを記憶している。

北の海なのに、ときおりマダイやマサバも紛れ込んでいた。対馬暖流の影響なのだろうか。

ホッケ以外の魚は、日替わりである。それゆえ、網起こしのとき何が網に入っているかが「漁」をする楽しみとなる。とくに大きなヒラメがたくさん入っていると、その日の水揚げ額が跳ね上がる。期待に胸を膨らませ、出漁していた。そのヒラメが網のなかでアンコウに噛みちぎられていて、落胆することもあり、網のなかの魚に一喜一憂していた。

大漁だと箱網を甲板に引き上げることができないので、ファスナーを開いたら網口からタモ網で魚をすくって取り込む。

ヒラメなど高級魚は、生きていれば、海水の入った活魚槽に入れて泳がせておく。その他の魚はそのまま空の魚槽に放り込む。捕獲が終わると、ロープを海に戻し、網を下に戻す。海中で網が、どのような形で設置されているかは見えない。しかし、船頭にはわかるようだ。また魚の獲れ具合からも、海のなかの状況を察知するようだ。

一つの網起こしが終わると、次の漁場に航行して二つ目の網を起こす。これが終わると魚を積んで帰港する。

港に着き、岸壁に漁船を係船（けいせん）すると、荷役が始まる。まずは活魚。荷揚げ後、計量台に乗せて、重量を漁協の職員が記録する。そして荷捌き場内に設置されている活魚槽に入れる。今は廃業しているが、当時、福島県相馬郡新地町で営業していたヒラメ専門の活魚問屋が活魚トラックで東北・北海道の浜を回り、買い付けに来ていたのだ。

そのほかの魚については、魚種選別、サイズ選別をして魚箱に詰めて漁協が仕立てたトラックで近隣の卸売市場に出荷される。

出港して出荷作業が終わるまで三時間ぐらいだった。だが、その後すぐに船を乗り換えて、ツブ籠（かご）漁に出かけた。船頭が所有する別の船だ。漁具を見ると、幹縄（みきなわ）に枝縄（えだなわ）がついており、その枝縄の先にはザルが取り付けられていた。ザルには生餌（なまえさ）がくくりつけられている。生餌はホッケだった。幹縄は数百メートルあり、枝縄は等間隔で約五〇本、同時にザルも五〇個となる。このはえ縄漁具一式を六セットぐらい、常に漁場に散らして仕掛けていた。

漁場に到着すると、海面に浮いているボンデン（竿の先に旗が付けられた標識）を船に取り込み、ラインホーラー（巻き上げ機）を使って幹縄を巻き上げる。数メートル間隔でくくりつけられた枝縄があがってきて、ザルを回収する。ザルのなかの生餌にツブが食いついている。それを捕獲する。

ちなみにツブ以外にも食いついている生き物がある。ウニである。ただしウニは漁獲対象物ではないので外して海に戻す。これはウニ漁かと思うほど、ウニのほうが多いときもあった(ただし、そのウニは可食部分の生殖巣の実入りが悪く、商品価値はない)。この作業を一日三回繰り返す。獲ったツブは生かしたまま港で保管して、次の日に近隣の卸売市場に出荷していた。漁場まで港から一五分以内。漁は二時間ぐらいだった。終わったのは昼前。ツブ籠漁が終わり、一日の仕事が終わる。ただ、ツブ籠漁に乗船する船頭の息子は、小型定置網の漁には乗船していないが、前日の夕方から夜明け前まで沖合で集魚灯(しゅうぎょとう)を使い、自動イカ釣り機で漁獲するイカ釣り漁をしているので、就労時間は長い。

船頭の妻や息子の妻は、港の荷捌き所での漁獲物の選別箱詰めの作業と食事の用意で、沖に出る船頭と息子の仕事を支えていた。

少し沖へ

これは一六年前のこと。石川県蛸島漁港を根拠地として親子で掛け廻し漁法(図23)で操業をする小型底曳(そこび)き網(あみ)漁船に乗った。午前三時ごろ出港する。漁港から一時間ぐらい走らせた富山湾沖合の漁場めがけてである。途中、沖合では大中型まき網の船団が網を引き揚げていた。

掛け廻し漁法とは、底曳き網漁法の一種だが、袋状の網とひき綱を勾配のある海底まで沈めて底着している魚介類をすくい上げるようにして獲る方法である。山陰や北陸で漁獲されるズワイガニは、この漁法で獲られている。同じ底曳き網漁法でも、網を曳いて開口板で網口を広

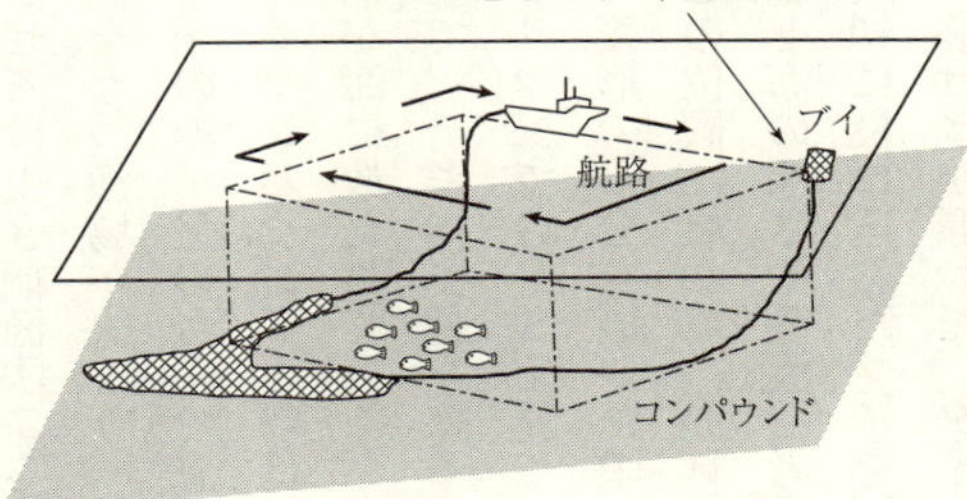

筆者作成．

図 23　掛け廻し漁法

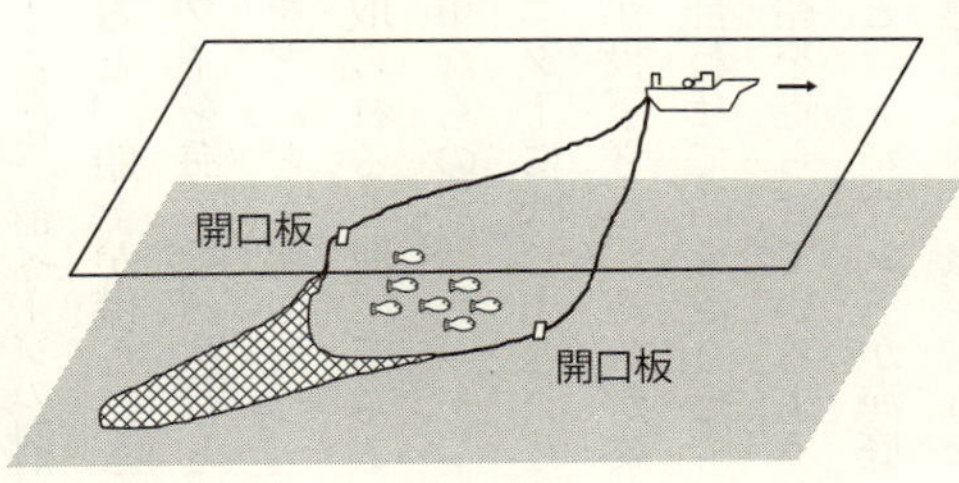

筆者作成．

図 24　板曳き網漁法（オッター・トロール漁法）

げさせる板曳き網漁法（オッター・トロール漁法。前ページの図24）とは網の運用が違う。

網をうつ漁場が決まり、操業が始まると、船上が慌ただしくなる。船頭は父、船員は後継者の息子のみ。父の合図で息子が大きなブイを海に投げ込むと、船を走らせて、リールに巻かれているコンパウンドと呼ばれるロープをどんどん海に放つ。船尾の甲板上では、コンパウンドや網が海に放たれていく。それに足を取られると海に落ちる。大変危険である。揺れる船の甲板上で、テキパキ動く息子の働きは見事なものだった。

ブリッジでGPSを見ていると、モニターに映し出された船の航行の軌跡が菱形を描いていく。菱形の半分を描いた頃、途中で網が投下され、それが終わると、コンパウンドだけとなり、もとの位置に戻った。漁具の大きさに合わせて船を走らせていた。船頭は、魚群探知機に映る魚影と海の深さや潮流を考慮しながら船を走らせているようだ。

最初に投げ込んだブイを回収し、網とコンパウンドが海底に底着するまで待った。一五分ぐらい静けさが漂った。タイミングを間違えると、魚が入らないという。底着すると同時に引き上げるのがよいらしい。

網が底着したのか、合図で船をゆっくりと走らせ、二本のコンパウンドを機関室の両横に取り付けられている油圧式キャプスタンとリールによって巻き上げる。三〇分ぐらいすると、網口が見えてきた。そうすると網口を左舷側に回し、おもて側(ブリッジより前)の甲板上に魚の入った袋網を引き上げ、網を開いた(本章扉写真)。

網のなかからは、いろいろな底魚やエビ類、そのほかのヒトデなどの底着生物が出てきた。

底魚は、アカガレイ、ササガレイ、マガレイなど、エビ類はわずかだったがアマエビ、モサエビ、ドロエビなど、その他としてノロゲンゲ、クロゲンゲ、タナカゲンゲ、ザラビクニン、トウベツカジカなど消費地では通常見ることができない底魚も、たくさん混じっている。ノロゲンゲは網目にたくさん刺さっていた。

一回の網揚げでたくさんの魚、しかも単価の高い魚を獲れば、利益率が高くなる。そのことから船頭は、操業をしながら、いつ、どこの漁場で何がどれだけ獲れたかをノートなどに記録している。ただし、季節や年によって漁場は変化するので、その情報は確実ではない。しかしながら、そのようなデータと経験の蓄積、そして勘を生かして船頭は漁を成り立たせている。魚群探知機ももちろん使うが、それだけでうまくいくとは限らないのだ。

甲板上で、それらの魚は選別され、エビなどは高価だから発泡箱のなかにきれいに並べられる。ただ、網のなかには魚介類でもなく商品にもならないクモヒトデや海綿類もたくさん入っている。漁師は、最終的にそれらを海に戻す。

うねり、波、潮流がある海を相手に、船を操り、網や漁具を操り、海を立体的にとらえて魚を獲る。板子一枚下は危険な世界である。

船や漁具あるいは魚群探知機などがあっても、こうした人の技と職能があって初めて水産物は生産され、私たちは魚を食べることができる。少し前の漁船での経験だが、基本的なところは変わっていない。

広い海で魚を追って駆け巡る

魚は、養殖施設に入っていない限り、誰のものでもない。獲ったあとは獲った人のものになる。だから、漁師はいったん漁に出れば誰よりも早く魚を見つけて、誰よりもたくさん獲ろうとする。

魚には、成長する場所や時期、産卵する場所や時期、回遊するルートなど一定の習性がある。だが、季節、気候、海況によってそれは変化する。

漁師は、そうした魚の習性を日々の漁労のなかで経験的に覚える。どこでどのように操業すれば魚が獲れるのか、彼らは経験と現在の環境を総合して判断している。しかも、魚群探知機、ソナー(船の前方水平方向の魚群を探す装置)、潮流計、レーダー、GPSプロッター(レーダー、魚群探知機、操舵機などと連動させて漁場や航行ルートなどさまざまな情報を登録し、漁を支援する装置）、衛星画像装置（インマルサット（通信衛星）から送られてくるデータを処理して海面の水温を示す）など、魚を獲るための情報機器の発展はすさまじく、漁場選択の判断が勘のみでおこなわれていたときと比較して格段に漁がしやすくなった。

しかし、それらの機器を使ったとしても、いつも大漁というわけではない。

例えば、遠洋や近海でカツオのナブラ（群）を追うカツオ一本釣り漁で考えてみたい。近海船でも漁船規模（排水量トン数）は、一〇〇トンを超える。遠洋船になると平均的な規模で四九九トンと大きい。近海船の船価は数億円、遠洋船の船価は一〇億円近くになる。

この漁は、沖で生きているイワシ類を撒いてカツオを漁船に引き寄せてから、船の縁に装備された散水器から散水して海面にピチャピチャという音を立ててカツオを興奮させ、擬餌針（ぎじばり）を使ってカツオを竿で釣り上げる漁であり、日本の伝統漁法の一つである。この漁でもっとも大事なのはナブラを探し当てることである。遠洋船では一航海二ヶ月間、漁場をさまよい、ナブラを探し、釣り上げて即座にブライン液で凍結して保管し、また漁場をさまよってナブラを探し、釣り上げる、というプロセスを繰り返す。

ナブラの探索では、まず、衛星画像が示す水温分布をみてカツオの回遊ルートを想定して漁場を絞る。次いで漁場に到着すれば海鳥レーダー(海鳥を探知するレーダー)を使って小魚の群れを追う海鳥を探したり、カツオが捕食する小魚が群れる漂流物を双眼鏡を使って探したり、ナブラそのものをソナーや目視(もくし)で探したりする。

ただ、そのナブラが大きいかどうか、または擬餌針に食いついてくるナブラなのかどうかは発見してからでないとわからない。食いつきが悪かったり、ナブラが小さかったりすれば漁獲量も少ない。

カツオやマグロを狙った大中型まき網漁業も、魚群探索のプロセスは同じである。ただ、まき網漁業の場合、餌を追いかけているかどうかは問わない。群れが大きいか、小さいかが大事である。

サンマ棒受け網漁は、夜になると海面近くに浮いてくるサンマの魚群をサーチライトで照らし、集魚灯で漁船の右舷側に寄せておく。その間に左舷側に網を海中に敷くように沈め、その網の上にサンマを光で誘導して、最後に赤色灯を照らして混乱させたところをすくい獲るという方法である。

こうした漁労作業に入る前には、このサンマの群れを大海のなかで見つけなければならない。出港前に情報をかき集め、また衛星画像で海面の水温分布をみてサンマが回遊するであろう場を選定し、漁場では魚群探知機やソナーでサンマを探し、完全に日が暮れたら先に述べた集魚灯を使っての操業が始まる。群れが小さければ、漁獲が終わると漁場を移動しなければならない。

不漁の年で価格が高騰していればよいが、そうでないときに漁獲量が少ないと売上金額も低い。売上金額が低いと、船員の給与も下がってしまう。

経営の仕組み

ところで、このような漁業の場合、ほとんどの経営主体は会社であり、会社が船主となって漁船を所有し、船に乗り込む船頭をはじめ、乗組員を集めて雇用する。給料制度は、大仲(おおなか)・歩合(ぶあい)・代分(しろわけ)給制と呼ばれているものである。

この仕組みは、例えば、売上金額から燃料代など大仲経費を差し引いて、その差額の六〇％を船主、残りの四〇％を船員がわける。さらに船員の四〇％は、その船の船頭二代(しろ)、船長・機関長一・五代、一等航海士・一等機関士一・三代、甲板長一・二代、甲板員一代という役職ごとの配分比で分配されるというものになっている。ただし、大仲制がない場合もある。

腕のよい船頭の下で働けば、時化(しけ)ていても操業し、体力的に厳しいかもしれないが、甲板員も高い給料を得ることができる。優良船の船員になれば、年齢に関係なく、高給取りになることもある。

だが、船頭や船員は、命がけの漁をどれだけおこなっても魚価が低く、売上金額が低ければ、出漁意欲は減退し、漁は辛いだけの仕事になる。それでも、時折大漁があると船員は俄然やる気が出てくる。それが彼らのやりがい、海上での苛酷な労働をする動機である。

一方の船主は、安定した会社経営をしていくために優秀な船頭、船員を雇うことが大切で、また優秀な船頭を定着させるには、最新鋭の技術を装備した漁船を準備しなければならない。沖合では、漁船間で漁獲競争をするが、船主間では、船頭・船員の獲得競争があり、同時にそれは漁船や最新鋭技術への投資競争にもなる。

もともと、沖合・遠洋漁業は投資先行型の産業であったうえに、高度経済成長以後、技術発展が著しかったことから、過剰投資に陥る構造が形成されたのであった。

いうまでもないが、会社経営では、収支バランスを崩し、金融機関への返済が滞れば、船員や燃料供給者に支払いができず、廃業せざるを得なくなる。それゆえ、一九七〇年代から、そうした漁業経営者は後を絶たなかった。七〇年代の二度のオイルショックが漁業経営を襲ったのである。

またバブル経済の崩壊後、デフレ不況のなかで、とくに九〇年代後半からの輸入量の増大が、大きく国産の魚価を低迷させた。さらに、その頃、金融危機を背景に、金融機関への行政監督が強化され、貸し渋りと貸しはがしが横行する。そして二〇〇五年以後の燃油高騰。その間の減船（漁船が廃業・撤退すること）は著しかった。

振り返ると、一九七七年、米国、ソ連が二〇〇海里漁業専管水域の設定を宣言すると、日本を含む世界の沿岸国が漁業専管水域を設定した。世界は完全に海洋分割の時代に入った。日本ではその影響で、漁業から撤退した会社も多い。

また大規模だった各種母船式漁業は調査捕鯨の船団を残し、消滅した。母船式サケ・マス、母船式カニ、母船式マグロである。

北洋サケ・マス流し網漁船はロシア水域の流し網禁止で、二〇一五年を最後に長い歴史を閉じた。東シナ海の漁場においてエソ、グチ、レンコダイなどを漁獲していた以西（いせい）底曳き網漁業、北洋の海においてスケソウダラ、カレイ類などを漁獲していた北洋転換底曳き網漁業、ニュージーランドやアルゼンチン沖など南半球に展開した遠洋イカ釣り漁業。いずれも一時は数百隻稼働していたが、現在は数隻にまで落ち込んでいる。

マグロ刺身市場に欠かせない遠洋・近海マグロはえ縄漁船、カツオ節やタタキ商材に欠かせない遠洋カツオ一本釣り漁船、生鮮カツオを供給する近海カツオ一本釣り漁船はまだ多少の勢力を残しているが、激減している。

こうした沖合・遠洋漁船(排水量トン数一〇トン以上)の減船数は、一九七七年から三〇年間で六〇〇〇隻以上に上った。じつに八〇%以上の漁船が減ったのである。

このことでたくさんの乗組員が船を降りた。沖合・遠洋の漁業就業者は、沿岸漁業や商船、その他の陸上産業に環流していった。なお、内航船(国内航路の商船)では漁船から降りた機関士が多いというが、昨今は漁船が減ったことで漁業界からの機関士の環流がなくなり、人手不足になっている。

漁師の腕が重要な養殖

養殖には、自然のなかの水面でおこなわれるものと、ウナギ養殖など陸上に設置した生け簀を使っておこなわれるものがある。陸上養殖は水量、水温、餌などの養殖物の育成環境を、すべて人間がコントロールする。

水面でおこなわれる養殖は、自然の基礎生産力を利用して水産生物を育成する無給餌型と、自然環境を利用しながら餌料を与えて育成し形質創造する給餌型に大別される。前者の対象種は主として貝類、藻類であり、後者は主として魚類、甲殻類（エビなど）である。

いずれにしても、養殖する漁業者が、ある一定の範囲の水面を囲って養殖をおこなう。自然環境のなかでおこなわれるがゆえに、潮流や水温はコントロールできない。一方で生物には生理上、生息できる適正環境がある。例えば、水質や水温である。

それゆえ、養殖場はどこでもよいというわけではない。むしろ、場所はかぎられてくる。そのうえ、同じ種の養殖物でも、場所によって育ちが違い、養殖方法が微妙に変わってくる。日々の養殖の繰り返しのなかで、その違いがはっきりしてくるのである。

このように無給餌養殖は場所によって養殖物の育成環境が異なるため、養殖漁場の利用をめぐって漁業者間でもめないような制度が必要である。例えば、ノリ、ワカメ、カキ類養殖においては、一定の養殖漁場を複数の漁業者が利用していることから、養殖漁場内の場をくじ引きや輪番制によって年ごとに場を移動する方式をとっている地域が多い。

魚類養殖においても、場所によって魚の育ちが異なる。瀬戸内海のブリ養殖では、低水温では越冬できないため、冬季間のみ九州や四国の太平洋側に養殖魚を活魚船で移植している。もちろん、同じ地区でも生け簀の設置場によって育成環境が変わる。

場所による違いだけではない。養殖環境は年により変動する。稲作、畑作が年によって日射量や雨量の違いで作況が変わるのと同じである。養殖の場合は、それ以上に変わるかもしれない。

ともあれ、養殖業は、安定的で計画生産が可能だといわれているが、それはあくまで漁業との比較であり、海流、海水温など海況の変動、気候変動、低気圧の発生、台風の影響を除いてのことである。農業も同じだが、実態は、変動する気象、海の環境のなかで、漁業者がどう作業をおこなうかで生産の成果が変わる。

その漁業者の手間のかけ方が、腕の差でもある。腕のよい漁業者は、海の環境が悪くてもそれによる負の影響を最大限抑える。

例えば、ホタテガイ養殖を例にしよう。

この養殖は、ロープを張って海中に敷設した養殖施設に、ホタテガイを吊るして育てる。ただ吊るしているだけでは、うまく育たない。海水温が適正水温の上限である二三度を超えた場合、斃死(へいし)する数が増えるため、養殖施設を沈めて水温を下げなければならないが、養殖施設を沈めすぎると餌料環境が悪くなり、育ちが悪くなる。そのため、高水温を回避しながら、沈めすぎないように養殖施設の水深をコントロールしなければならない。

養殖しているカキやホタテガイの貝殻には、イガイやホヤなどの生物が付着する。その付着生物を放置しておくと、餌料を奪われるために成長が悪くなる。そのことから、貝の成長をよくするには付着生物をまめに取り払わなければならない。

魚類養殖においても、網掃除をまめにおこなう業者とそうでない業者とでは、成果が異なる。貝類、魚類では、養殖物の成長にバラツキが生じるが、それを放っておくと品質が安定しない。そのため、成長不良のものを間引きしたり、生け簀や養殖籠に入れている養殖物のサイズを統一するように入れ替えをしたりしている。ワカメ養殖でも、収穫前に間引き作業がおこなわれる。

こうした管理作業を念入りにするかどうかで、養殖物の斃死率や成長率が異なる。それゆえ、海況が良好でなくても安定生産できる漁業者が存在する。

しかしながら、〝爆弾低気圧〟の発生、赤潮の発生、高水温水塊（海中に形成される高水温の海水のかたまり）の停滞など、あまりに海の状態が悪すぎると、いくら腕のよい漁業者でも不作となる。

有明海や瀬戸内海などノリの大産地では、海の貧栄養化が原因でノリの不作が続いている。また、カキ、ホタテガイ養殖における種苗は、海中に浮遊する幼生貝を採取することによって調達されているが、幼生貝の発生が少ない年もある。漁業者がどうにかできるものではない。

このように海面養殖業の生産がうまくいくかどうかは、海の環境しだいである。その環境に順応して、環境を上手に使える漁業者が生き残っていく。降雨量や日射量の違いで成果が異なる農作物の育成と同じである。養殖物を育てる喜びもまた、そこから生まれる。

漁場利用にあたっての秩序

天然資源を獲る漁業にしろ、海面を使った養殖業にしろ、海を使って海の上で働いている。その海は「公有水面」であり、海に生息する魚介藻類は「無主物（むしゅぶつ）」である。海にも、魚介藻類にも、所有権はない。自然界に生息する魚介藻類を採取することは、原則自由である。また海に生息する魚介藻類は多種多様だから、その利用方法も多様である。所有権のある農地の使われ方と大きく異なる。

しかしながら、魚介藻類は食料になり、商品にもなるため、この自由を放置していると、優良漁場に多くの漁業者が集まり、たちまち資源の争奪戦が生じ、それが激しくなると漁場紛争に発展する。過剰漁獲で資源が激減するときもある。

このような状況に陥るのを防止するためには、入漁する漁船の数を制限したり、漁船規模や漁法を制限したり、禁漁期や禁漁区を設けたりするなど、漁場利用に関連した規制や秩序が必要となる。また、こうした漁業制度がないと、漁業者は安心して海の上で働くことができない。それゆえ、日本をはじめ、どの国にも漁業制度を定める法律がある。日本では「漁業法」という名である。この法律の第一条に目的が、次のように書かれている。

「漁業生産に関する基本的制度を定め、漁業者及び漁業従事者を主体とする漁業調整機構の運用によつて水面を総合的に利用し、もつて漁業生産力を発展させ、あわせて漁業の民主化を図ること」

このように、硬い表現ではあるが、「水面を総合的に利用し、漁業生産力を発展させ」るのに、「あわせて漁業の民主化」も目的としていて、その方法として「漁業者及び漁業従事者を主体とする漁業調整機構の運用」としている。政府が漁業制度を漁民に押しつけるのではなく、漁民とともに考えようというものだ。

漁業を管理する制度

では、どのようにして漁業は管理されているのだろうか。その特徴を以下に列挙しておこう。

第一に、制度上、漁業は、漁業権漁業、許可漁業、届出漁業、それ以外の漁業（以下、自由漁業）に分類され、それらの漁業を管理する主体が農林水産大臣、都道府県知事、地区別漁業協同組合（管轄地域が限定されている漁協、以下、漁協とする）の三つに区分されている。

漁業の制度上の分類で混乱するのは、「漁業権」漁業と「許可」漁業の違いである。

漁業権は基本的には漁村に暮らす漁民たちを守るためにあり、許可は能率的な漁法であるがゆえに禁止漁法としてそれを解除して認めるというものである。漁業権のもとで漁業をおこなう者は漁業経験年数や暮らしている場所が関係してくるが、許可においては、それは関係なく、許可を得ているものが経営能力をもっているかどうか、法令を遵守（じゅんしゅ）する者かどうかが問われるだけである。

自由漁業は参入自由であり、届出漁業は、参入は自由であるが、行政庁に操業することを届けなければならない。

これらの漁業を管理する主体は、表2のようになっている。

管理する主体には管轄水域がある。漁協は地区別に分割された沿岸の水域、都道府県知事は沿岸水域を含む県の沖合の水域、そして農林水産大臣は、主に県域を跨（また）いで操業する規模の大きい漁業を管理し、外国水域や公海など排他的経済水域（沿岸国が海洋資源の調査、利用の主権をもっている水域。同時に管理の義務も生じる）の外側水域（自国漁業のみ）も管轄している。

しかし、管理する主体が完全に独立して、漁業を管理しているわけではない。

表2　日本の漁業管理の主体と管理対象

大臣管理	**指定漁業**　大中型まき網漁業、沖合底曳き網漁業など **特定大臣許可漁業** 　ズワイガニ漁業、東シナ海はえ縄漁業など **届出漁業**　カジキ流し網漁業、沿岸マグロはえ縄漁業など
知事管理	**法定知事許可漁業** 　中型まき網漁業、小型底曳き網漁業など **知事許可漁業**　固定式刺網漁業、船曳き漁業など **経営者免許漁業権漁業** 　定置漁業権漁業(大型定置網、サケ定置) 　区画漁業権漁業(真珠養殖、築提式養殖など)
漁協管理	**組合管理漁業権漁業** 　共同漁業権漁業(採介藻漁業、籠漁業、小型定置網漁業) 　特定区画漁業権漁業(貝類・藻類養殖、小割式魚類養殖)
管理主体なし	**自由漁業**　投網漁業、一本釣り漁業など

注：指定漁業は大臣許可漁業である.
筆者作成.

例えば、漁協は、漁業権(組合管理漁業権)漁業を管理する主体ではあるが、その管理権は行政庁(都道府県知事、農林水産大臣)から免許を与えられている。また知事管理の漁業は、知事許可漁業と経営者免許漁業権漁業であるが、農林水産大臣が関与している法定知事許可漁業もある。一七二ページの「少し沖へ」で記した小型底曳き網漁業は、これにあたる。

さらにまたいかなる漁業であっても、漁船を使う場合、都道府県に漁船登録されている船を使わなければならないため、許認可の必要のない自由漁業でも野放しにされているわけではない。後で述べる漁業調整規則によって自由漁業にも操業に制限がかけられることがある。

第二に、各行政庁は、管轄水域ごとに海区漁業調整委員会という行政委員会を設置していて、この委員会を介して漁業紛争の調整や防止に関連する業務をおこなっている。「漁業調整委員会」は、漁業法の目的にある「漁業調整機構」の核である。委員一五名のうち六名が知事選任の学識者または公益代表委員であり、残り九名は漁民が選挙で選んだ公選委員となっている。公益代表のなかにも漁民が含まれることもあることから、漁民の意向が強く出る仕組みになっている。

さらに複数の都道府県の漁業者が利用する海域では、連合漁業調整委員会、そしてもっと広域になると広域漁業調整委員会が設定されている。

これらの漁業調整委員会への諮問をもって、行政庁が各海域にそれぞれの漁業調整規則(公的規制)の設定や許認可(漁業許可や漁業権)を実施し、ときには漁業調整委員会が積極的に指示(知事に認められれば法的効力が発生し、規制措置となる)を決定し、漁業紛争の防止や資源保全が図られている。

つまり、日本の周辺海域にある公的規則の多くは、漁業調整委員会を介して、漁民が関与し、漁業の実利実害を調整したかたちになっている。

第三に、漁協の管轄水域においては、「組合管理漁業権」が設定されていて、公的規制に基づく行政庁による漁業の管理監督とは異にする、自主的な漁業管理がおこなわれている。

組合管理漁業権には、「共同漁業権」と「特定区画漁業権」がある。

共同漁業権は、漁業や資源あるいは水域の利用の違いから第一種から第五種にわけられているが、海面においては第一種と第二種の水域が多い。第一種の漁場は、磯場や浅瀬の水域であり、アワビ、サザエ、ウニなどの磯根資源を獲る小規模漁業がおこなわれている。その沖合は、第二種の漁場になっており、本章の冒頭で紹介した小型定置網漁業や網や籠などの漁具を使った小規模漁業がおこなわれている。

そして、地域にもよるが、共同漁業権水域のなかに組合員らが養殖をおこなう特定区画漁業権水域が設定されていて、ノリ、カキ、ワカメ、ホタテガイ、ブリ、マダイなどの養殖がおこなわれている。

これらの漁業権は、管理権こそ漁協にあるが、権利の主体は、漁業地区の漁業者集団である。各漁場には、漁業権行使規則が設定されており、漁業行使権者（ある漁業権漁業を営むことができる者）の資格要件や漁場利用のための基本的規則が定められている。

第四に、組合管理漁業権の漁場以外でも、公的規則に基づく管理のほか、漁業秩序形成のために民間協定による自主規制にしたがって、漁業者集団は、そのメンバーらが相互監視をし、自主管理している。漁業権行使規則に基づく秩序も自主管理だが、このような法的根拠に基づかない民間協定が各地にたくさんある。

自主規制との二階建て方式

日本の漁業制度には、「水産業協同組合法」、「水産資源保護法」、「漁船法」などの公的規制による行政管理の基本的枠組み(一階)があるが、自主規制に見られるように秩序形成のあり方を漁業者集団に委ねている部分もあり、二階建て方式になっているという特徴がある。

この二階建て方式については、さまざまな評価がある。漁獲量に関連する公的規制が緩いと資源管理が徹底されない、行政庁が手を抜く、自主規制による相互監視はやがて機能しなくなる、などである。

だが、自主規制には、資源管理も含めて、漁場利用の秩序形成に漁業者の主体性を引き出し、健全な漁業者の関係をつくりだすという側面がある。

たしかに、公的規制を無駄に増やすと行政庁による管理監督を強化せねばならず、同時に行政コストが高くなる。また、漁業者らから漁場利用の柔軟性を奪うことにもなる。つまり、自然環境や社会経済的な環境の変化に漁業者らが対応できなくなる可能性がある。その意味において、漁場を知悉（ちしつ）する漁業者を参加させ、漁場利用秩序を形成させることが重要であり、そのためには、自主規制の範囲をある程度確保しておくことが重要なのである。

ただし、自主規制といっても行政庁がまったくかかわっていないわけではない。法律に基づいて設置されている民間協定（例えば、漁業権行使規則）、あるいは行政庁の仲介によって成立する民間協定もある。

もっとも、ひとつの漁業者集団が利用する漁場ならば行政庁のかかわりは薄く、漁協の役員が漁業者間の仲立ちをするが、複数の地域の漁業者が利用する漁場において漁業者間の対立を調整し、秩序を構築するには、当事者はもちろんのこと、生産者を代表する漁業者団体のほか、中立的な立場である行政庁のバックアップが欠かせない。

以上のように日本の漁業制度は行政庁による管理・監督と漁業者集団の自治による相互監視を組み合わせて、極力、漁場利用の混乱を避けるような仕組みになっている。

漁業協同組合（漁協）

ほとんどの漁業者は、地域別あるいは漁業種別の集団に属している。集団にはいろいろな形態がある。代表的なのは「漁協」である。そのほか、法人格をもった協会や任意団体あるいは漁協の下部組織としての部会、さらには漁村集落に昔からある漁業者集団(組や組合などいろいろな名称がある)である。

漁業団体は許認可行政の窓口となることから、水産行政とのつながりは強い。とくに、漁協は、「水産業協同組合法」だけでなく、「漁業法」のなかにもその役割が組み込まれている団体であることから、行政の実務を代行したり、補完したりしている。

漁協は、この水産業協同組合法を根拠としている。第二次世界大戦後に制定されたこの法に基づく漁協は、大きく地区別漁協(地区別に漁民が運営している漁協)と業種別漁協(漁業種別に漁業経営者が運営している漁協)にわかれる。どちらのタイプも組織原理は「協同組合」であるが、その機能や役割は異なる。

ちなみに、協同組合とは、経済的弱者の組合員が事業利用のために連帯、出資して事業を運営する組織である。

「万人は一人のため、一人は万人のため」という相互扶助の精神が運営の原点になっており、法人としての議決権は一人一票制になっている。どれだけ出資金を出しても議決権は一票ということになる。株を買い占めたら組織を支配できる株式会社のように、出資金で組織を支配できない、資本に支配されない仕組みになっている。

とはいえ、何でも多数決で決めればよいというわけではない。むしろ、多数決で決めるより、話し合いを続けて民主的に解決する方法を探ることのほうが重要視されている。経済民主主義をどう実現するかが、協同組合の大きな課題なのである。

ただし、業種別組合とは違い、地区別漁協の場合は、協同組合という組織原理以前に一定の水域に与えられる「組合管理漁業権」を管理する団体であり、すなわちそれは管轄水域そのもの、またはその水域で営まれる漁業を管理する団体を意味する。その前身は明治の漁業法のもとで組織化されていた、漁業組合であった。

漁協は、農協と同じく、指導事業(経営や技術のソフト面をサポートする)、販売事業(組合員の生産物を販売する)、購買事業(燃油や資材を組合員に供給する)、信用事業(貯金や貸付をおこなう)、利用事業(共同利用施設を組合員に使わせる)などの事業をおこなっているが、漁業権を管理するという「漁業組合」の機能をもち続けている点で、同じ一次産業の協同組合である農協とは違う性格をもっている。

地区別漁協の設立要件は、その出資者が二〇人以上でかつ当該地区の漁民の七割以上を占めることである。漁民が地区別漁協の組合員になるかどうかは任意だが、組合管理漁業権を管理する団体である以上、全員というまでもなく、地区の七割以上の漁民が参加していなければ、法的には次に説明する「入会集団」と見なせないということであろう。

ちなみに、漁業集落の漁民らは近世以来領主から前浜漁場の利用権を与えられてきた、入会集団である。そしてその縄張りの水域を排他独占的に共同利用してきた。この権利が、いわゆる漁村共同体の入会権であり、後に漁業権となる。

明治の漁業法では漁業組合、戦後の漁業法では地区別漁協が、その入会集団の「法的な受皿」となり、漁業権を管理する団体になった。海のことは地元の漁民がもっとも知っており、紛争などを通して秩序が維持されているからである。これを海の「コモンズ」(共有地)と理解している専門家も多い。

ところで、マスコミなどの報道では、民営企業が新規に沿岸域に進出して養殖業を営むのにさまざまな障壁があることを問題視するために、「漁業権を漁協が独占」というフレーズがよく使われる。

このフレーズは、漁業制度についての理解を欠いている。というのは、先に述べたように、組合管理漁業権は、漁業者個人に与えられるものではなく集団に与えられる権利であり、入会漁場の利用秩序を地元の漁業者集団以外のものに乱されないようにしているものだからだ。域外者や個人の「独占」を許さぬものなのである。

じつは、地元とうまく交渉して、法に抵触しないようにすれば、民営企業でも漁協の組合員つまり入会集団の一員になることができる。もちろん、漁場に余裕があることが前提である。また養殖の場合ならば、周囲の漁場利用者との合意を経て特定区画漁業権が民間企業に直接免許されることもある。その人が地元漁民と協調し、利害関係を調整して海を大事に使えるかどうかが問題なのである。

にもかかわらず、漁業権について理解を深めないまま漁業制度をたたく議論が止まない。たしかに、他者を排除して自由に海を使いたい者にとって、現行の漁業制度はかなり不都合で、邪魔で仕方がないだろう。だからといって、中立的な視点から報道すべき機関が、その立場の者に代わって「海を使う」という権利の意味を理解しないまま漁業制度をたたくことはあってはならない、と筆者は思う。

漁業権

漁協が管轄する水域における漁場利用のルールは、漁業権行使規則をはじめ、組合員間の話し合いで決められている。漁協が管理していることにはなっているが、漁協が管理しているということは、漁協の下で漁業者集団内の組合員どうしが相互監視しているということである。

さらに管轄水域の沖合の漁場では、複数の漁業集落や複数の漁協の入会水域になっている。その水域では、漁業集落や漁協の枠を超えて漁業者が協議会を設けて民間協定が形成されている。この慣習のなかには近世からのものがある。

いまの漁業制度は、こうした近世から形成されていた集落・集団管理の入会漁場を残してその管理機能を漁協に託しつつ、一方で戦前までの寄生地主的な網元（漁民を小作人化する漁業資本）や前期的商業資本（漁民を債務奴隷にする商人）に支配されていた部分を取り除いているという特徴もある。

例えば、定置網漁業を営むには、経営者は行政庁から直接、免許を受けなければならない。なぜなら、共同漁業権や特定区画漁業権の漁場は入会集団が共同で使う漁場であるのに対して、定置漁業権の漁場は、ひとつの経営体が排他独占的に利用する水域であり、さらに定置網漁業を営むには資本や技術が必要だからである。

ただし、免許審査にあたっては、漁業法令や労働法令を遵守し、周囲の漁民と協調できるかどうかの適格性が審査され、経営者が複数申請してきた場合、優先順位に従って選ばれることになっている。

漁業法が定める優先順位は、簡単に表すと次のようになっている。

第一位　地元漁民七割以上を含む法人
（漁協、漁業生産組合、漁民会社）
第二位　地元漁民七人以上で構成される法人
（漁業生産組合、漁民会社など）
第三位　第一位、第二位以外の漁業者または漁業従事者
（法人含む）
第四位　その他

これが意味するところは、地元外より地元、個人より集団（より大きな地元漁民を含む集団）、未経験者より経験者が優先されることである。地元で、より多数の集団で、経験のある集団が選ばれることになる。

特定区画漁業権の場合も、区画される水域のなかに一経営体しかなく、漁協がその漁業権を管理する意向がなければ、前に述べた適格性審査と優先順位にしたがって行政庁が直接経営者に免許を与える「経営者免許漁業権」になる。

ところで、組合管理漁業権は漁協にしか免許を与えない。入会集団の生存権だからである。同時にこのことは、海から得られる利益が域外に流出しないことを意味している。

地域のための優先順位制度

では、経営者免許漁業権はどうであろうか。

これも、先に触れた適格性審査や優先順位の内容を受ければ、地元の海から得られる恩恵をできる限り漁村に行き渡らせようという意図があるといえる。具体的には、地元の団体が定置網や養殖を営めば、雇用も、経済余剰も地元に残る。外部の企業の子会社が営めば、雇用機会は生まれるにしても、経済余剰は連結決算のなかで本社のある外部に流出する。

とはいえ、地元に担い手がおらず、漁場に空きがある場合、企業誘致が求められることもある。そのとき、第四位に該当する域外の経営者も参入可能となる。

実際に、全国を見渡すと、資本、技術をもった域外の経営者が参入している例はいくつかある。大型定置網漁業や西日本(三重県以西の浜)でおこなわれているクロマグロ養殖業などである。

ただし、その場合、外部企業に一方的に海が利用されるだけにならないように、地元漁協とのあいだでさまざまな利害調整(漁場の使い方、雇用、漁業権行使料などの負担金あるいは事業利用についての調整)がおこなわれ、参入するにあたって妥協点が探られる。行政庁が免許を付与する場合は、その利害調整が終わってからとなる。

実態としては、地元の雇用機会を拡大し、地元漁協と友好的に事業を展開する企業もあるが、参入条件が折り合わなかったり、参入しても漁協と対立する企業もあったりする。対立が紛争のようになることもある。

こうした事態があることから、優先順位制度が参入障壁だとする意見も強くなっている。しかし、優先順位制度がなければ、担い手を選ぶ基準がなくなり、より混乱するであろう。どのような優先順位にするかという議論はあっても、優先順位制度そのものをなくすというのは暴論である。

優先順位制度に関する、もう一つの批判がある。

地区別漁協が、漁業権管理団体であるにもかかわらず、漁協みずからが資本と技術を準備して定置網や養殖業を営もうとした場合(これは、漁業の「漁協自営」と呼ばれている)、制度上、漁協が漁業経営者として最優先されることである。これは、戦前の網元支配を教訓に漁業の民主化をめざした戦後の漁業法の特性であるが、一方では組合員のための漁協が地元の組合員の生活権を脅かす可能性がある。それゆえ、その場合は、三分の二以上の組合員の賛同の書面をそろえなければならないし、自営する定置網漁業や養殖業の事業に組合員を優先的に雇わなければならないことになっている。

経営者免許漁業権が誰のためにあるのかというと、漁村のためにあるということはいうまでもない。たしかに、優先順位制度は、漁村の地域経済のあり方を示唆している。優先順位が高いほうが地域経済にとって理想ということである。

とはいえ、漁業・養殖業の漁協自営にしても漁業・養殖業への新たな企業参入にしても、その結果が地域にとって有益になるかどうかは、ケースバイケースであり、慎重に事を運ばなくてはならない。

漁業者集団と資源の関係

漁業者はそれぞれで経営しているのだが、実際の操業は、完全に個別で自由におこなわれているのではなく、漁場で安全に操業するために、同業者とのあいだで一定のルールを決めておこなわれている。誰かが遭難したり、事故にあったりしたら、助け合うことを約束している場合も多い。そのために、漁協のなかに捜索のための基金を積み立てているケースもある(例えば、沖縄県の糸満漁協)。

漁業者間は漁獲をめぐってライバル関係にあるが、互いに安心して操業をおこなうための仲間でもある。そのような集団のなかには、船団を組んで一斉操業をおこなうところもある。

こうして沿岸漁業の多くは、入会集団としての漁業者集団が形成されてきた。皆がまとまっても、過剰漁獲になると過剰供給により魚価を落としてしまう。互いに首を絞め合うことになるので、資源や魚価にも配慮した秩序も形成されてきた。

このような漁業者集団による資源と経営に対応した漁業行為を、「資源管理型漁業」と呼ぶこともある。

呼び方はともあれ、いくつかの事例を見よう。

磯　漁

まず、磯に生息しているアワビ、ウニ、サザエなどを獲る磯漁（いそりょう）である。

磯漁では、漁業者が、小舟の上から「鏡（かがみ）」と呼ばれる水中眼鏡で海底をみて、磯に張りついているアワビなどを探す。探し当てれば、先に鉤（かぎ）が付いている竿を使って引っかけて捕獲したり、長い竿の先がタモ網になった漁具で捕獲したり、あるいは素潜りで捕獲したりしている。

これらの漁業では、漁業者が技能を習得するまでにかなりの時間を要する。また習得しても腕の差が明確に出る。

とはいえ、こうした伝統的な漁法は、生産手段に対するコストはあまり必要ないうえ、高い値がつくことから利幅が大きい。そのため漁業者らは、非能率なこの漁法で競って捕獲する。だが、非能率だとしても時間や漁獲量などの制限なく、この漁業がおこなわれると、移動範囲が狭いだけに資源が枯渇してしまう。そのため、資源の獲り過ぎを防止するために、操業をおこなう日を決め、操業を開始するあるいは終了する時間を決める「口開け方式」が採用され、漁獲行為の集団管理が徹底されているケースが多い。漁獲上限を決めているケースもある。

多くの場合、これに加えて、密漁監視を皆でおこない、自然発生の資源だけに頼らず、人工的に育てた種苗を放流するなどの資源培養もおこなわれている。

漁場は、地元地区の入会浜だからこそ、漁業者はまとまって行動している。海と漁村が一体として機能している代表的な例である。

はえ縄漁

次に、沿岸域でおこなわれるはえ縄漁である。

はえ縄漁は、等間隔に針・餌のついた枝縄がぶら下がる、全長数キロの幹縄を海面や海中に敷設するが、漁業者らがこの漁を何の秩序もなくバラバラにおこなうと縄が絡み合って操業に支障を来たすどころか漁にならない。絡まった他船の縄を切ったりすると、それが原因で紛争になる。

そのことから、過去から現在に至り、繰り返しおこなわれてきた漁業者集団内あるいは漁業集団間での漁業調整を経て、漁具の規模を統一し、船間を維持して同方向にいっせいに投げ縄するような集団操業が各地(はえ縄漁が盛んな地域)で見られる。また、場所によって漁場の優劣があることから、船の位置をくじ引きや輪番で回すこともある。

このように船の位置によって漁獲量に格差が生じることもあるので、水揚げ金額をプールするような取り組みもある。

こうした漁場利用の工夫は、安全に操業をおこなうために、優良漁場に漁船が集中しないように、また漁船の操業位置をめぐって不公平感が生じないようにするためのものである。ただし、水揚げ金のプール制は円滑に導入が進んだとは言えない。なぜなら、水揚げ金のプール制は個別の漁業者の努力が報われなくなり、平等主義が前提になるため、労働意欲を落とす側面があるからだ。それゆえ、資源状態が厳しいときの緊急対応策としてのみ導入している地域が多い。

貝桁網漁業

次に貝桁網漁業である。

ハマグリ、コダマガイ、ホッキガイなどの二枚貝類は砂地に生息しており、遠浅の海域で桁曳き網という底曳き網漁具の一種で漁獲されている。

桁曳き網は、「桁」と呼ばれている櫛のように爪がある大きな金具で砂地のなかから貝類を掘り起こし、その後ろについている袋状の網に漁獲物が入っていく仕組みになっている。もともと能率漁法（生産性の高い漁法）であるが、これを引っ張る漁船が動力化し、馬力アップしてからはより能率漁法となった。そのことから、この桁曳き網漁業のある産地の多くが、過去に資源の枯渇を経験している。

そのことを踏まえて、今では、漁獲サイズを制限したり、一隻あたりの漁獲数量を制限したりするのはもちろんのこと、利益率を上げるために、二人の漁業者が一隻に乗って協業化するなどの漁場利用の合理化が各地（常磐、東北、北海道）で図られてきた。

噴流式桁網と呼ばれる、水圧ポンプから送られてくる高圧水を噴き出すノズルがついた桁網を使えば、噴流により砂を巻き上げるので漁獲能力がさらにアップする。

この漁具を導入するときに、協業化が図られる場合が多い。なかには五隻を一隻に集約したケース（青森県百石地区）や、地区内の全二五隻を一隻に集約したケース（福島県四ツ倉地区）もある。そのほか、毎年、操業規制や禁漁期・禁漁区などを組合員全員が話し合って細かく決め、明文化する大分県姫島地区の「漁業期節」や、イセエビの禁漁区を二ヶ月のみ解禁し、そのときだけは共同操業（水揚げプール制）に切り替える三重県志摩町和具地区の「和具海老網同盟会」の取り組みなど、こうした漁業者集団の実践が全国にたくさんある。

持続的な漁業へ

このように漁業者集団は、漁場を壊さず、持続的に漁業が再生産できるように、漁具・漁法の発展を自主規制したり、漁場の混乱を未然に防ぐために秩序形成を図ったり、能率的な技術を導入するときに資源と経営のバランスを崩さないような合理化を図ったりしてきた。

これらの実践は、主に沿岸漁業の例である。

一方で、資本制漁業である沖合漁業については、北海道稚内や秋田県の沖合底曳き網漁業で漁場割当をしたり、プール制を導入したりしていたが、これはまれな例であった。

だが、一九九七年以後、ＴＡＣ（Total Allowable Catch）管理と呼ばれる、法で定められた魚種（サバ類、マアジ、マイワシ、サンマ、スルメイカ、スケソウダラ、ズワイガニ）ごとに年間の漁獲可能量を決めて総漁獲量を公的に規制する制度が日本でも実施されるようになり、漁獲管理をより実益に繋げるための集団対応が図られるようになった。

青森県沖合では、北部太平洋大中型まき網漁業がスルメイカを漁獲する際に本漁業に割り当てられた漁獲枠を超えないように集団操業をおこない、各船の漁獲量の上限を決め、漁獲金額をプールしている。サバ類の漁獲についても、漁期が終わるまでに総漁獲量が割り当てられたTACを超えないように、月ごとに各船別に漁獲量の上限を定めている。

さらにはTAC魚種ではないが、日本海海域の大中型まき網漁業ではクロマグロの漁獲量の上限を自主的に規制していて、漁期終盤には各船に漁獲量の個別割当をしている。

これらの船別漁獲割当は、いずれも行政監督のもとでおこなっている欧米諸国と異なり、漁業者集団による自主的な試みである。

漁業の集団性と対立

沿岸漁業であろうが、沖合漁業であろうが、また遠洋漁業であろうが、何もかもすべてを単独、単船で乗り切ることはむずかしい。いくら魚群探知機が発達しても、探索範囲は限られている。他の漁船からの情報がなければ魚群を見つけることはむずかしい。

また、機関が故障すれば操船できなくなり、漂流する。そのときには僚船(仲間の船)などに助けてもらうしかない。船員が海に落ちたときも、である。

漁業者は、それぞれがライバルである。しかし、互いに認め合うライバルである限り、助け合うこともするし、集団的対応によって危機をいっしょに乗り越えようともする。とくに同地区、同規模、同業種の漁業者は連帯しやすい。

しかし、規模が大きい、異なる漁法、見知らぬ船団が自分たちの沖合漁場に出没して、対象としている資源や漁場を先取りされると、そのことが感情的に許されなくなる。漁場が離れたところであっても大量漁獲されると、自分たちの資源が先獲りされたような気になる。一本釣り漁業者や定置網漁業者は、まき網漁業者に対しては常にそう思ってしまう。沖合底曳き網漁業者に対する、刺し網漁業者の感情も同じである。

漁業内部は、こうした同地区・同業種集団の連帯と異地区間・異業種間の対立が入り交じっており、利害関係が複雑に絡み合い、漁場でにらみ合っている関係がある。ちょっとしたことで、漁場で衝突、事故を招く事態に発展しかねない。

それゆえ、漁業者間の健全な関係を維持するために、漁業者どうしが陰口をたたかないようにしているという漁村(新潟県上越市のある漁村)もある。

一見、漁業者間は喧嘩ばかりしているような荒っぽい関係だが、それは表面的な話であり、本来は漁業関係者にしかわからない「デリケートな世界」なのだ。それだけに、漁場紛争が発生したとき、行政庁の漁業調整担当官は対立する両者のあいだに入って慎重に漁場利用調整を進めなければならない。しかも、科学的に確実視できることはきわめて狭い範囲の事象に過ぎないし、資源は無主物ゆえに、対立のあいだに割って入ってどちらかが悪いという白黒つけられる話は少ない。

現場に献身的に足を運ぶ、当該県の水産試験場(水産研究機関)の研究員や水産技術改良普及員も、客観的な状況を伝えるとともに、漁業者サイドの意見を聞きながら、穏便に状況を見守る。

行政機関は、そのような対応を図り、「熱」が冷めるのを期待しながら、両サイドの漁業者をテーブルにつかせて冷静な話し合いを始めさせ、紳士協定に繋げていく。

日本国内のあらゆる漁場で、こうした漁業調整がおこなわれている。利害がぶつかり合っても、この世界は互いに尊重しあわないと発展しない。それが漁業である。

漁業をする人は増えるのか

さて、戦後、しばらくは配給などで食料が分配される統制経済であった。その一方で、闇市で食料が取引されていて、インフレ経済下で魚は高価な商品であった。

漁業は、収穫まで時間を要する農業と違って、漁獲さえすればすぐに食料を供給できる産業である。それゆえ、儲かる産業として就業者が殺到した。戦地から復員してきた人たちも、漁業に仕事を求めた。

統計調査方法が定まっていない最初の漁業センサス（一九五四年）では、漁業就業者が一〇〇万人を超えていた。少なくとも、調査方法が定まった一九六一年からの漁業就業の統計では約七〇万（六九万九二〇〇）人が存在していた。漁家世帯員数は一六九万人である。それが二〇一四年時点で漁業就業者数は一七万三〇三〇人、漁家世帯員数は約二六万（二五万九六九〇）人にまで減っている。漁業就業者数だけでなく、残った漁家の数も、そのなかで漁業に従事する家族も減っている。

かつては都市部の人手不足を補い、過剰人口を解消するかのように漁村から都市部に人が流れて、漁業就業者が減っていた。しかし現在は、分厚い層をなしている高齢漁業者の引退の勢いが強まっているうえ、新規参入、新規就業の勢いが高まらないゆえに現状のようになった。

このままでは、漁業や水産加工業が立ちゆかないのではないかと、漁村、漁港都市では、就業者対策が盛んにおこなわれている。例えば大きな漁船に乗れば、また水産加工場に入れば、外国人技能実習制度で入国した外国人実習生の姿を見ることができる。日本人の働き手が不足しているため、外国人実習生で不足を補っているのである。

しかし、一方で新規に漁業をはじめたい人がいないわけではない。問題は、新規に漁業をはじめても、乗り越えなくてはならない壁が高く、定着率が低いということだ。

都市生活に疲れ、海で働くこと、漁師に憧れる人はいる。しかし、漁業に就業してみると、漁業の仕事の厳しさに直面して、耐えきれないでやめていく人が多い。

漁場利用のルール、探魚、操船技術、漁具操作、ロープワークなどいろいろなことを身につけなくてはならない。天候や波浪の状況しだいでは、命がけの仕事になる。仕事は何事も、すばやくこなせなくてはならない。

ただ、おもしろいことに、仕事のやり方は十人十色であり、どうやら正解はないようだ。

漁業は、自然からの恵みを自然のなかで採取する生業であるが、一方で波浪、風浪、時化があったり、資源の来遊がなかったりと思い通りにはいかず、常に自然と対峙し、計画通り、思い通りに実行できるものではない。海の状況、魚の回遊状況を見ながら仕事をするしかない。定時で働く仕事とは、まったくリズムが異なるものなのだ。

そのうえ、漁業者集団の人間関係が特殊である。この人間関係は、助け合う関係でもあるが、互いに張り合って生きている関係でもある。みずから腕を磨く、技能を身につけようという意欲がなければ、集団から一漁業者として認められず、見放されてしまう。

手続き的にも、漁業権行使に至るまでの道のりは厳しい。実際、漁協の組合員資格や漁業権行使規則にある条件では、多くの場合、最低三年間は年間九〇日以上、地元で漁業を続けなければ入会集団の一員にはなれない。漁業後継者ならほとんどの場合、組合員資格を得ることができるが、新規就業者となるとそうは簡単に得られない。

それゆえ、昨今、漁業権行使規則で定められた条件などのような新規就業者から漁業者になるためのハードルを引き下げるべきだという、議論が出るようになった。が、結局は、海上という厳しい就労環境のなかで、漁の技能を身につけない限り、また地元の自然、地元の漁業者の社会に馴染まない限り、定着できない。

儲からないから若い人が漁業に就かないと、判を押したようなことを言う人がいる。たしかに生活ができないぐらい稼ぎがない仕事よりも、生活が成り立つ仕事があったら、誰だってそれを選ぶ。

しかし、漁業が儲かっていたら本当に漁業者が増えるのだろうか。例えば、高所得漁家世帯が多い北海道オホーツク地帯ですら、漁業就業者数も、若い漁業者も減っているが、それをどう考えるのだろうか。

ノルウェーでは漁業が儲かるから若い人たちの人気の職業だという話もよく聞くが、政府統計で確認すると漁業者の数は急激に減っている。他産業に労働力が流出しているらしく、漁業の現場はその空席を外国人労働者で補っているという。

情緒的な評価に基づく議論や分析的でない議論を続けても、堂々めぐりするだけである。経済のしくみ、人口動態、社会保障制度、当該国の職業の選択肢幅などいろいろな視点から冷静に考えれば、現状がよく見えてくる。社会を取り巻く環境も含めず、またものごとの因果関係を踏まえずに、漁業就業問題を「漁業が儲からない」だけに収斂(しゅうれん)させるのは、そろそろ止めにしたほうがいいのではないか、と思う。

「漁労」という職能

儲かるかどうかも一つの指標だろう。しかし、就業選択のための指標は多様化している。就業に優劣はなく、その魅力も相対的なものである。儲かっている仕事でもブラックな仕事環境には多くの人が耐えられない。儲かっていなくても、みずからの生業としてその仕事がぴったりならば、そちらを選ぶ人だっている。

問題は、自分が自分らしく生きていくために何を仕事にするかであり、仕事の何が生き甲斐や喜びに転化できるかであり、その職能を身につけるため、極めるために、日々の辛さを受け入れることができるかどうかなのである。

東日本大震災後、船を失って彷徨(さまよ)っている漁師が言っていた。海に出て漁をしていないと、辛い、ストレスが溜まる。漁をするという職能は、漁師そのものなのである。漁師は、船に乗って漁仕事の腕を磨き、魚をたくさん獲り、あるいは養殖し、その生産物が市場のセリなどで評価を受けたときにボルテージが最高に達する。これがあるから、時化がひどくても海に出ることがある。これがあるから、収穫期まで養殖作業をがんばることができる。そこには私たちには味わうことのできない、やり甲斐があるようだ。

こうした職能は尊敬されていた。職能を身につければ稼ぎもあった。しかし、デフレ不況のなかで、職能は買い叩かれるようになった。先行き不安のなかで、生活を維持するために、生活者の「魚食」は回避され、魚の相場形成力は明らかに弱まったのだ。

こうして、職能が軽視される時代になってから、命がけで漁をしている人への敬意の気持ちが社会的に薄らいでいる。食物は自分たちの身体の一部になるにもかかわらず、である。市場経済の悪戯(いたずら)にほかならない。

本来、「漁労文化」があって「魚食文化」が生まれてきたはずなのだが、現代では多様な食材が創出されたことから、「魚食」は縮小し、「漁労」をさらに窮地に追い込んでいる。しかも、マーケットを介して「魚食」と「漁労」は切り離されている。

「漁労」という職能は、「魚食」があって初めて機能する。

最後に、獲るところから食べるところまでの職能を鳥瞰(ちょうかん)して、改めて「魚食」と「魚職」の今後を考えたい。

終章

市場経済が深まっていくなかで

筆者は、『日本漁業の真実』（ちくま新書）において、日本漁業が対処すべき政策課題は、次のふたつに収斂されると書いた。

ひとつめは、「漁場の再生」である。その根拠は、遠洋漁船は外国水域の漁場から締め出され、近海漁船は、日本周辺水域に広がるグレーゾーンに迫ってくる隣国の漁船に圧倒され、沿岸漁業は、地域開発により漁場がかなり傷んでいるからだとした。資源管理が強化されているかどうかという以前に、漁場が人為的行為によって破壊され、狭隘化している。漁場の再生なくして、激減する漁業生産量の回復はあり得ない。

ふたつめは、「魚を取り扱う人たちのネットワーク」を再生する、ということである。換言すると、魚を食べる人、魚を取り扱う人、魚を獲る人の関係を良好にしていくことである。とくに卸売市場が大切であることも付け加えた。

本書は、「魚食と魚職の復権」を考えようとしたものであるが、じつは『日本漁業の真実』で示した、ふたつめの課題へ迫ることも狙いであった。この内容をもっと具体的に知りたいという意見がきたからだ。

筆者は、「市場経済」が深まっていけばいくほど、「職能」の扱われ方が「人として」ではなく、「物のように」なり、経済の活力を落としてしまうのではないかという問題意識を持ち続けてきた。

働く人を競争に駆り立てるために組織内労働の現場に成果主義が広がったことは、まさに市場経済が深まった現象である。このなかでは、てっとり早く評価を得るために「見栄え」や「耳ざわりのよさ」が勝負となっていく。他者よりも高く評価されれば、それでよい。この状況が職能の没個性化を進め、働く意欲を奪っているのではないか。そして労働に意欲がなくなると、経済の活力は取り戻せないのではないかと、思い続けてきた。

とはいえ、市場経済は、人間に「儲け」という動機を与えて新しい財やサービスを創出させようとする仕組みで、ビジネスまたは商品の取引を介して新たな人と人の関係を創造する。これが市場経済の発展の姿であることには間違いない。一方、市場経済の基盤にある資本主義では、労働力の商品化、自然搾取のメカニズムが内在する。だが、経済の拡大再生産が続くあいだは、人々は物的豊かさを享受するだけでなく前向きな人間関係に潤いを感じることもあろう。これを期待して「市場の成功」を支持する人は多い。それはそれでよい。

問題は、市場経済をどう活用するかであろう。そのためには、市場経済の発展がどのように進むかをよく認識しておく必要がある。

市場経済は、新興分野が既存分野の市場を奪って成長する。それゆえに、新興分野が拡大再生産する一方で既存分野は縮小再生産のプロセスに入る。そして、既存分野では利益率が落ち込むため「無駄」を無くすためのあらゆる手立てが使われるようになる。そうなると、既存分野の業界内では取引関係間でコスト節減や値引きの交渉あるいは厳しい業務改善の交渉がはじまり、結果として大なり小なり業界内に軋轢(あつれき)が生じてしまう。このような連鎖が容易に想定される。冷静に観察すると、市場経済の発展下の既存分野には、そのような現象が見えてくる。

魚食は、まさに既存分野であり、その市場は他の食品市場に奪われ、衰退していった。その縮小再生産のなかで、漁業者は産地市場の荷受に対して魚価が安いと、仲買人は産地市場の荷受に水揚げが足りないと、消費地市場の荷受に魚価が安いと、仲卸は消費地市場の荷受に対してすべて荷を上場せよと、小売は消費地市場の荷受に安くせよと、それぞれがそれぞれを牽制(けんせい)する声が大きくなっていった。

売場では、効率主義が強まり、「無駄」をなくそうとするエネルギーが費やされることになった。そのため、効率主義との相性が悪い「魚職」ははじかれ、「販売店員のいない、魚の姿を見ることができない鮮魚売場」を目のあたりにするようになった。

その状況が蔓延した結果、気づいてみると、いろいろな魚職分野で、魚を取り扱う「職能」にあった「誇り」がことごとく傷つけられていた。

魚が売れない以上に、水産業界の痛手は「誇り」が喪失したことにほかならない。この傷口は想像以上に深い。

絶望的な思いをもってしまう。この状況から脱却することは容易ではない。脱却への抜け道はないのだろうか。もはや希望をもつことはできないのだろうか。

いや、傷ついたのならば放っておくよりも患部を癒やしたほうがよい。誰でもそう考えるだろう。

魚食と魚職の復権

では、本論に戻って最後に、魚食と魚職の復権への道筋について考えてみたい。

まず、これまで見てきたように、魚を取り扱う人たちが現状を共有できるかどうかである。

縮小再生産のプロセスに入ると、商品が売れにくくなる。その状況下で売る側が安く買いたたかれていれば、買う側はもっと安くできるだろうと勘ぐってしまい、相互関係が悪循環のスパイラルにはまり、「諍い」が発生しやすくなる。産地では必ずと言ってよいほど、仲買人のことを悪く言う漁業者と、漁業者のことを悪く言う仲買人に出会う。思い通りの価格で売れない、思い通りに魚を手に入れることができないなどの不満である。もともと価格を巡る利害対立は拭いえないものであるが、今の厳しい状況は、第1章、第2章で見たような魚の消費と鮮魚売場のあり方に起因している。業界間で対立している場合ではないのである。

次に考えられることは、「鮮魚」消費・販売の再生である。

日本ほど鮮魚流通が発展した国はない。魚屋や板前あるいは生活者が高鮮度を求め続けた結果、鮮度を落とさない鮮魚流通のラインが構築されてきたからだ。外国にはまねできない。また人が群がる鮮魚売場には、必ずといってよいほど、声を張り上げ、人を惹きつける「目利き」がいる。魚を知ってもらおうと必死だから個性がにじみ出る。販売店員の活きがよいと、魚の活きもよいように思えてくる。

客は、食べるために魚を買うのだが、鮮魚売場に足を運ぶとき、何かを期待してしまう。今日は何がおいてあるのか。そこに販売店員のプッシュである。勢いに負けてこれまで買ったことがない魚を思わず買ってしまう。対面販売は、客への押しの強さが大切なようだ。

プロの「目利き」が消えた鮮魚売場には、販売店員の張り上げる「声」はなく、そこには活きのよさもない。ただ、切り身あるいは刺身となった商品がトレーパックに入れられて並べられているだけである。魚の料理法を教えようとビデオ映像を流している店もある。人手をかけずに売る、効率的に販売しようとした結果だ。こうした店にはチラシ特売で客をひきつけることはできても、鮮魚売場としての活気はない。

しかし、現在でも活気ある鮮魚売場がないわけではない。ローカルスーパーマーケットや専門店のなかには、業績を伸ばしているところもある。魚の消費が減っているとはいえ、もし、その要因が「飽き」から生じる魚離れではなく、人と魚の出会いを演出してきた鮮魚売場が買い物空間から消滅してきたことであったとするならば、魚食にはまだ回復の余地がある。筆者の今のように、そのまちに潜在的魚買い物難民がたくさんいる可能性があるのだ。

となれば、今ある既存の鮮魚売場を活気づけるしかない。既存の鮮魚売場を活気づけるには、もちろん当該店舗の責任者のやる気が必要だが、荷受、仲卸の「目利きの力」も必要だ。それゆえ、政策のあり方として、消費地市場の荷受や仲卸あるいは開設者である自治体が連携して小売業界・小売店舗に対して「魚食」も「魚職」も再生させるように働きかけていく試みがあってもよいのではないか。食と職のための政策である。

具体的には、荷受、仲卸が小売店舗に対して魚食を育てるリテールサポートを活性化させる、このことはもちろんのこと、卸売市場の取引を活性化させるために自治体もそのリテールサポートを政策的に支援することである。地元の生活者に魚食を働きかけるのも、自治体の役割であろう。地域の食と健康を支えるという卸売市場の存在意義を考えれば、開設者たる自治体の積極性が欠かせない。

次に鮮魚販売のあり方である。丸魚の鮮魚販売では、とにかく仕入れた魚の鮮度を保持して、適正な価格をつけて、棚の回転率を高めるのがベターである。生活者に鮮魚を美味しく食べてもらうには、できるかぎり調理方法を売場で伝えていくことが大切である。

切るなどの加工のタイミングは、食べる直前がよいと言われてきた。魚のうまさを最高の状況にしておくためである。包丁捌きが苦手な顧客に対しては、客の注文があってから小売店舗のバックヤードで加工するほうがよい。集客力のある鮮魚店に学べば、ともかく鮮魚加工は、産地や卸売市場内よりも、家庭内か店舗がよい。

「食べる」喜びに気づき、うまい魚を求める生活者をどう育てるか。そうした生活者が楽しめて、頼りにできる鮮魚売場をどうつくるかである。

そのためには、売場に客が集まらないと始まらない。いろいろな魚を置き、対面販売や接客を実践することが重要である。これまで未利用魚だったもののなかで、安くておいしいものもある。定番の商品で販売棚を埋め尽くすような品ぞろえをするのではなく、水揚げされ、卸売市場に出回る、いろいろな魚を扱えばよい。これは特別なことではない。原点回帰のようなものである。

鮮魚販売が回復すれば、加工品、冷凍品、乾物にもその勢いが波及するだろう。活き活きとした売場が魚食を普及し、魚職を蘇らせる。流通の魚職が蘇れば、生産の魚職も蘇る。産地の流通加工業者も、漁業者も。

漁業者は、目まぐるしい海の変化に翻弄（ほんろう）されながら、毎日が修業、毎日が実験のような日々を送っている。一方で、漁場利用にはライバルとの競争だけでなく対立や紛争もあり、さまざまな気苦労がつきまとう。それでも、安心して漁を続けるには、漁業権、漁協や漁業調整機構を介して形成し、醸成した漁業者間の関係を壊してはならない。その関係がなければ、漁業者はより不安な状況のなかで操業をすることになるからである。

ただ一方で、漁業者は、魚を獲り、獲った魚を評価されることで、仕事の辛さを吹き飛ばす。評価をするのは産地の荷受、鮮魚出荷業者、水産加工業者である。彼らの目利きこそ、漁業者を育てる。

食は職が支えている。この事実こそが大切なのだ。

人が人を頼りにする、人が人を大切にする、人が人に敬意を払う、そして自然からの恵みをうまく廻(まわ)し、活用する。魚食には、こうした連鎖が大切なのである。

資本主義経済である以上、経済成長のために生産性を向上させようという力が働く。これは資本主義の性であり、致し方がない。しかし、効率化に囚われすぎて、支えあうという本来の「強み」がそぎ落とされた日本経済は豊かと言えるのであろうか。

筆者は魚食と魚職にこそ、日本経済を豊かにするヒントがあると思う。だから、「魚食」も「魚職」も朽ちさせてはならない。各地で盛んにおこなわれているすばらしい「魚食普及」を「魚食普及」で終わらせず、「魚職不朽(ふきゅう)」につなげて欲しい。そして、小さくてもいいから、食と職の経済を育てて欲しい。

あとがき

この本は、二〇一五年末までには出版にこぎ着けようと思っていたのだが、次から次へと仕事が被ってきて筆が見事に進まなかった。しかも、執筆期間中に転職まで決まったことで、残務処理や引っ越しなどで執筆をより遅らせることになってしまった。せめて、一四年間お世話になった国立大学法人東京海洋大学の卒業論文にしようと二〇一六年三月発行をめがけて執筆をがんばったのだが、それすらもかなわなかった。東日本大震災から五年が過ぎようとしているタイミングだったこともあり、いろいろな仕事をする必要があった。ともあれ、力を振り絞り、書き終えることができた。

生きることは、活きることであり、抑圧から逃れることであり、これは「アート」でもあると思っている私にとっては、どうも私を取り巻く日本社会はその真逆に向かっているように思えてしかたない。組織に属する多くの人がいつまでも終わらない改革に振りまわされ、疲れ果てている。閉塞感が強まるばかりだ。この状況を打開したい。そのことも今回の執筆の推進力であった。

本書では職能とあわせて大事な「意欲」や「やり甲斐」や「矜持」の根源に迫りたかった。そこは表現できただろうか。食は働くエネルギーとなり、その食は職によって支えられている。食も職もおろそかにしてはならない。

没個性社会のなかで反抗的に「活きて」いる魚職人（さかなしょくにん）にはエールを送りたい。また筆者も、魚職人に倣って、これからも「個性」を磨いて、今の流れに反抗的に生きていく。

なお、本書作成にあたり、既知となっている研究者の成果で内容を補強している部分がある。それについては巻末に主要参考文献を記した。

最後に、出版の機会をうながしてくれた元岩波書店の山川良子さん、本企画を練っていただき、有益な助言を頂いた岩波書店編集部の坂本純子さんに感謝申し上げたい。

二〇一六年九月

濱田武士

主要参考文献

＊自著は除く

第1章

吉田忠「米食型食生活の成立——食生活の近代的形態」『食生活変貌のベクトル　連続と断絶の一世紀（食料・農業問題全集17）』農山漁村文化協会、一九九一年

秋谷重男「食生活現代化の諸相——石油危機以降の食の変貌」『食生活変貌のベクトル　連続と断絶の一世紀（食料・農業問題全集17）』農山漁村文化協会、一九九一年

秋谷重男『日本人は魚を食べているか』漁協経営センター、二〇〇六年

第2章

吉田忠（前掲書）

新雅史『商店街はなぜ滅びるのか　社会・政治・経済史から探る再生の道』光文社新書、二〇一二年

『水産物取扱いにおける小売業の動向と現代的特徴——平成二五年度事業報告』一般財団法人東京水産振興会、二〇一四年

『水産物取扱いにおける小売業の動向と現代的特徴——平成二六年度事業報告』一般財団法人東京水産

振興会、二〇一五年

第3章

秋谷重男『中央卸売市場〝セリ〟の功罪』日本経済新聞社、一九八一年
『水産物消費流通の構造変革について――平成二〇年度事業報告』一般財団法人東京水産振興会、二〇〇九年
中居裕・中川雄二『市場と安全　水産物流通、卸売市場の再編及び食の安全』連合出版、二〇一五年

第4章

濱田英嗣『生鮮水産物の流通と産地戦略』成山堂、二〇一一年
『構造再編下の水産加工業の現状と課題――平成二一年度事業報告』一般財団法人東京水産振興会、二〇一〇年
『構造再編下の水産加工業の現状と課題――平成二二年度事業報告』一般財団法人東京水産振興会、二〇一一年
『構造再編下の水産加工業の現状と課題――平成二三年度事業報告』一般財団法人東京水産振興会、二〇一二年
中居裕『産地と経済　水産加工業の研究』連合出版、二〇一五年

濱田武士

大阪府生まれ．1999年北海道大学大学院水産学研究科博士後期課程修了．

東京海洋大学准教授を経て，現在は北海学園大学経済学部教授．

専門は漁業経済学，地域経済論，協同組合論．

著書に『伝統的和船の経済──地域漁業を支えた「技」と「商」の歴史的考察』(農林統計出版，漁業経済学会奨励賞受賞)，『漁業と震災』(みすず書房，漁業経済学会学会賞受賞，日本協同組合学会学術賞受賞)，『日本漁業の真実』(筑摩書房)，『福島に農林漁業をとり戻す』(みすず書房，共著，日本協同組合学会学術賞(共同研究学術賞)受賞)などがある．

魚と日本人 食と職の経済学　岩波新書(新赤版)1623

2016年10月20日　第1刷発行

著　者　濱田武士（はまだたけし）

発行者　岡本　厚

発行所　株式会社 岩波書店
〒101-8002 東京都千代田区一ツ橋2-5-5
案内 03-5210-4000　営業部 03-5210-4111
http://www.iwanami.co.jp/

新書編集部 03-5210-4054
http://www.iwanamishinsho.com/

印刷・三秀舎　カバー・半七印刷　製本・牧製本

ISBN 978-4-00-431623-7　Printed in Japan

岩波新書新赤版一〇〇〇点に際して

ひとつの時代が終わったと言われて久しい。だが、その先にいかなる時代を展望するのか、私たちはその輪郭すら描きえていない。二〇世紀から持ち越した課題の多くは、未だ解決の緒を見つけることのできないままであり、二一世紀が新たに招きよせた問題も少なくない。グローバル資本主義の浸透、憎悪の連鎖、暴力の応酬——世界は混沌として深い不安の只中にある。

現代社会においては変化が常態となり、速さと新しさに絶対的な価値が与えられた。消費社会の深化と情報技術の革命は、種々の境界を無くし、人々の生活やコミュニケーションの様式を根底から変容させてきた。ライフスタイルは多様化し、一面では個人の生き方をそれぞれが選びとる時代が始まっている。同時に、新たな格差が生まれ、様々な次元での亀裂や分断が深まっている。社会や歴史に対する意識が揺らぎ、普遍的な理念に対する根本的な懐疑や、現実を変えることへの無力感がひそかに根を張りつつある。そして生きることに誰もが困難を覚える時代が到来している。

しかし、日常生活のそれぞれの場で、自由と民主主義を獲得し実践することを通じて、私たち自身がそうした閉塞を乗り超え、希望の時代の幕開けを告げてゆくことは不可能ではあるまい。そのために、いま求められていること——それは、個と個の間で開かれた対話を積み重ねながら、人間らしく生きることの条件について一人ひとりが粘り強く思考することではないか。その営みの糧となるものが、教養に外ならないと私たちは考える。歴史とは何か、よく生きるとはいかなることか、世界そして人間はどこへ向かうべきなのか——こうした根源的な問いとの格闘が、文化と知の厚みを作り出し、個人と社会を支える基盤としての教養となった。まさにそのような教養への道案内こそ、岩波新書が創刊以来、追求してきたことである。

岩波新書は、日中戦争下の一九三八年一一月に赤版として創刊された。創刊の辞は、道義の精神に則らない日本の行動を憂慮し、批判的精神と良心的行動の欠如を戒めつつ、現代人の現代的教養を刊行の目的とする、と謳っている。以後、青版、黄版、新赤版と装いを改めながら、合計二五〇〇点余りを世に問うてきた。そして、いままた新赤版が一〇〇〇点を迎えたのを機に、人間の理性と良心への信頼を再確認し、それに裏打ちされた文化を培っていく決意を込めて、新しい装丁のもとに再出発したいと思う。一冊一冊から吹き出す新風が一人でも多くの読者の許に届くこと、そして希望ある時代への想像力を豊かにかき立てることを切に願う。

（二〇〇六年四月）